LA FISICA RACCONTATA
AI RAGAZZI

给孩子讲奇妙物理

[意]安娜·帕里西　[意]亚历山德罗·托内洛　著

谭钰薇　译

CTS K 湖南科学技术出版社　博集天卷 CS-BOOKY

·长沙·

乔治·帕里西
写在前面的话

亲爱的小读者：

请你永远保持鲜活的好奇心。

与把所有确定的答案都握在手中相比，提出问题更加重要。有些问题或许是人们已经能解答的，你可以通过学习找到答案——学习不仅是读书，也可以是与朋友们交换观点，请教更专业的人，或者上网搜集资料。但还有些问题可能是目前还没人能解答的，需要你来亲自探索它们的答案，就像我之前所做的那样。

科学中伟大的进步通常要归功于年轻人，他们想象力丰富，总是充满好奇，不会受到已有的丰富知识储备的限制，因此总能创造出新事物，提出许多问题，让探索答案的旅途妙趣横生。

在对待科学时，请你拿出自己童年时把玩具拆开以试图弄清其中原理的精神，还有那时候不断问爸爸妈妈"为什么"的习惯。请你记得要这样坚持下去。

你手中的这本书，将讨论历史上一些伟大的科学家提出过的问题。如今，这些问题的答案已经成了人类借助思考理解自然的历程中最美丽的丰碑，被称作"经典物理学"。我非常高兴担任本书的科学指导，因为在我看来，我们所有人都应该将自己热爱的事传递给下一代。科学研究是我热爱的事，或许它也会成为你热爱的事。

目录
C O N T E N T S

1. 让我们从头开始

古希腊文明曾经达到非常高的科学认识水平，然而到了古典时代末期，他们鼎盛时期的智慧只留存下极少一部分。

幸运的是，在当时东罗马帝国的图书馆里，仍有许多古籍保存了下来，阅读这些古籍的方法也流传了下来。现在我们尝试将视野放宽，来到地中海的另一岸。在这里生活的是阿拉伯人，这个民族充满智慧与好奇。他们和来自东方的智者打交道，特别是印度人（注意不是北美的印第安人，这两个词在意大利语中写法相同），除此之外，他们还会吸收东方民族文化中重要的科学技术知识。

公元7世纪，阿拉伯人征服了北非以及几乎整个西班牙。

梦见亚里士多德

阿拉伯帝国由哈里发统治，哈里发尤其关注科学与知识的普遍发展。公元8世纪，许多来自叙利亚、美索不达米亚和伊朗的科学家应邀来到帝国的都城巴格达（如今的叙利亚首都），这些智者中既有穆斯林，也有犹太教徒和天主教徒，他们国籍不同，所说的语言不同，文化背景也不相同。

智者们会聚在一起的结果是，所有人的知识都得到了丰富。

根据传说，一天夜里，有位名叫马蒙的哈里发梦见了伟大的古希腊哲学家和科学家亚里士多德。在梦中，亚里士多德对哈里发提出了一个请求——让人将所有能够找到的古希腊古籍全部翻译成阿拉伯语。

马蒙没有浪费半点时间，马上将他手下最富有才学的人组织起来，开设了一个重要的研究中心——

智慧宫，和古埃及的亚历
山大博物馆类似。

多亏了这位哈里发，
许多古希腊时期的手稿都
通过它们的阿拉伯语译本
幸存至今日。

不过，阿拉伯人并不
满足于阅读和翻译古希腊的文本，而是进一步仔细
地研究了它们，在其基础上做出了各种意义非凡的
贡献。除此之外，他们还创办学校，将自己丰富的
文化遗产带到了他们征服的土地上。

当时西欧学者们使用的官方语言是拉丁语，很
少有人掌握阿拉伯语。但是，在西班牙这个同样使
用拉丁语的国度，学者们多年以来都和阿拉伯人一
起生活，也就学会了他们的语言。

正因如此，在西班牙，特别是古城托莱多，在
公元 1000 年后不久，人们开始将阿拉伯语的科学文
本翻译成拉丁语。后来，这些拉丁语译本又从西班
牙流向了整个欧洲。

最早被翻译的文本中包括欧几里得、阿基米德
和托勒密的作品。

阿拉伯数字还是印度数字？

　　人们很快就意识到这些译本的重要性，于是开启了一场名副其实的古典科学研究复兴，特别是在数学领域，这自然要感谢阿拉伯人的贡献，这些贡献中最关键的便是引入了"印度数字"。

　　——斐波那契先生，他们让我来问您，阿拉伯数字和"印度数字"之间有什么关系。

　　——关系在于，这套数字系统是阿拉伯人从印度人那里学来的，阿拉伯人认为它非常重要，于是在他们数学发展的新成果中加以应用，最重要的是，他们还将它"输出"到了欧洲。

　　——我从来没听说过。

　　——但你每天都会使用这些数字，它们是：

$$1, \quad 2, \quad 3, \quad 4, \quad 5, \quad 6, \quad 7, \quad 8, \quad 9 \quad 和 \quad 0$$

——我总觉得"印度数字"好像并不是我用的这些数字。总之，在我看来，印度人似乎并没有做出什么大的创举，因为古希腊人和古罗马人也会数数，只是写数字的方式不同，会用字母来表示数字。用哪一种符号似乎并没有很大的差别。

——那现在请你试试用罗马数字来计算这个式子：

CVII+III

——我先把它换成我用的数字：

$$\frac{\begin{array}{r}107 + \\ 3 =\end{array}}{110}$$

——事实上是：

$$\frac{\begin{array}{r}\text{CVII} + \\ \text{III} =\end{array}}{\text{CX}}$$

——没错，不过 CX 就是 110 嘛。

——用印度数字（也就是现在人们通常说的"阿拉伯数字"，因为是阿拉伯人教会我们使用它的）

来做计算要简单得多。我们可以用它们进行"竖式计算"，这是因为每个数字代表的数值都是由它所处的数位确定的。当我写出 CVII+III 时，你在自己脑海中"看到"的其实是：

$$107 + $$
$$\underline{\quad 3 \quad} = $$
$$110$$

然后你将3和7加起来得到的10就是结果。但是，可怜的古罗马学生并不能这样进行计算，因为他们不使用"进位计数制"。

——那么您又是从哪里学到这种数字书写方法的呢？

——我是1170年出生的，我的真实名字其实是莱昂纳多·皮萨诺，但所有人都叫我斐波那契，意思是"波那契的儿子"。年轻时我就四处旅行，去过埃及、叙利亚和希腊。我还会给我的父亲帮些忙，他是做买卖的，我负责算账。当时有些从东方来的商人会用这种方法写数字，计算时速度特别快，于是我便学来了。后来我还写了一本书，好让这种方法尽快在欧洲传播开来。

大学文化

在中世纪的头几个世纪，人们主要在修道院里学习，修道院里存放有许多书籍，还会专门请人手工抄书——事实上，印刷术在当时还不存在。

公元1000年后，欧洲逐渐开始出现大学，即由学生们组成的团体，他们向一些教授支付费用，接受各种学科的培训。

剑桥

牛津

帕里吉

韦尔切利　帕多瓦

托洛萨

雷焦艾米莉亚　博洛尼亚

帕伦西亚　蒙彼利埃　阿雷佐

萨拉曼卡　纳波利

利斯沃纳　萨莱诺

欧洲最早的大学是博洛尼亚大学，它的创建可以追溯到 1088 年。在随后的一个世纪中，许多其他大学相继成立，它们主要分布在意大利，但也有些在其他欧洲国家。

至于大学中使用的科学课本，当时最为"流行"的要数亚里士多德的作品，即使它们早在大约 1 500 年前就写成了。

学生们会研读亚里士多德的《物理学》（物理这个词在古希腊语中表示自然），讨论天体运动问题的《论天》，还有《气象学》——这套书解释了许多发生在"月下界"（月球圈层以下靠近地球部分）的自然现象，如刮风、下雨、打雷、闪电、彗星划过等。

运动学？

在 14 世纪的大学里，特别是在英国牛津大学的默顿学院，人们开始讨论"运动学"（英文为 kinematics，其词根来自古希腊语中的 kinema，意为"运动"），即研究物体运动，并尝试解释它们如何运动，但是人们还没有提出物体为何运动，以及是什么在推动着它们运动的问题。

运动学只关注你的速度、你走过的空间，以及你需要的时间。

现在，我们来认识几位英国科学家。让我来给你介绍一下：布雷德沃丁是年纪最大的，然后还有赫特斯柏立、斯温内谢德和邓布尔顿。

——很高兴认识你们，但是……抱歉，我学识不够，我从来没有听说过你们的名字。

——这点我们完全不意外，所有人都认识的科学家少之又少，再说了，我们生活在一个过渡的时期。那些生活在几个世纪以后的科学家将会提出极其有趣的新理论，我们现在只是在为他们铺路而已。

——那你们具体做了些什么呢？

——我们研究古代的思想家，并且试图理解他们推理的方式，验证他们的结论是否有效。

——你们最感兴趣的是什么？

——是研究物体的属性。事实上，在亚里士多德看来，所有真实存在的事物都是由实体和特定的属性组成的。实体是组成一个物体的物质，不会改变，但属性却可以发生不同的变化。

——我感觉说得不是很清楚。

——我给你举个例子。我们以水为例，水是实体。如果我把水加热，水变热了，但还是水，而热是一种属性。如果我把水染成红色，水仍然是水，颜色也是一种属性。如果我把水泼出窗外，水获得了速度，但它还是水。所以，速度和先前提到的两种属性一样，也是我们观察到的物体的一种属性。

——好的……所以呢？

——所以我们对计算这些属性的数值非常感兴趣。

——怎么感觉像绕口令一样……

——……但实际上这是个科学问题。用同样的火加热一大锅水比加热一小锅水花的时间要更长，但最后两个锅中水的温度会是一样的。加热更多的水需要更多的热量。我们想要成功测量的正是物体的不同属性的数量。速度也是一种需要测量的属性。

——你们说的"测量"是什么意思？

跑完一趟又一趟

——就是说，我们需要找个办法来确定某个物体比另一个物体移动得更快还是更慢。

——那只要看谁能赢得赛跑就行了，让两个物体同时出发，然后看谁最先冲破终点线。

——所以按照你的建议，我们应该将以更短时间跑完同样距离的物体定义为"更快"的物体。

——你们说得很复杂，不过确实是这样。我认为你们可以说用更短时间到达终点，也就是跑完一定距离（从出发到抵达）所需时间更少的物体是"更快"的。

——这样是可以的。不过，反过来也是可以的，也就是将同样时间内跑得更远的物体定义为"更快"的。

——确实是这样，你们也可以假定每个物体都要跑两分钟。两分钟过去后就喊"停"，谁跑得更远谁就是更快的。

——那么这样：假设我们规定了路线，让两个小伙子按照路线起跑，但是有一个小伙子却突然停下来系鞋带，系完鞋带以后他接着跑，并且追上了另一个人。两分钟后我们喊停，两个小伙子都停了下来，我们发现他们俩停下的位置到起点的距离完全相同。两个小伙子在相同的时间内跑出了相同的距离，这样一来，他们跑步的速度就是相同的。

——怎么可能呢！中途停下过的那个小伙子跑步速度肯定快得多。

——那我们关于"更快"的定义似乎并不总能站得住脚啊。

——好吧，有的时候还是能站住脚的。如果是两个人赛跑的话，要是其中一个人停下来，那么对他自己肯定是不利的，因为我们只关心谁最先到达终点。不过呢，如果我们要知道谁在跑步的过程中速度更快，那么之前的定义可能就不适用了。

——这就是问题的关键。如果一个物体总是以相同的速度运动，既不减速也不加速，我们就可以说它是在做匀速运动（"匀速"就是"速度不变"的意思），我们可以通过测量它通过一定空间需要多少时间，或者一定时间内行进多少距离来计算出它的速度。但是当速度发生改变，不再是匀速时，问题就来了。假如某个物体一直加速，我们有办法知道它每时每刻的速度吗？我们可以将这样的速度称为"瞬时速度"，也就是物体在某个具体时刻的速度；既不能是前一刻，也不能是后一刻。

——那这个"具体时刻"得有多小呢？

——问题就在这里：我们也不知道。要解答这

些时刻具体有多小其实很难。但是如果我们能够使用简单的方程将物体运动的空间、时间和速度联系起来，那么所有问题似乎就会变得更简单了……

——那为什么你们不用方程呢？

——这没有你想的那么简单。我们当时还没有想到……只能把这个问题留给后世解决了。不过呢，我们还是取得了一些不错的成果。例如，我们发现，如果一个物体做匀加速运动，那么它在一定时间内所走的距离等于该物体在相同时间内以其最大速度所走距离的一半。

——各位科学家，我们慢慢来吧！你们所说的东西实在是太难理解了，而且条件还特别多。

——其实我们也无能为力了。不过呢，我们关于运动的研究在意大利和法国都引起了大家的兴趣，也有很多人在我们的基础上进行了深入的研究。不如你到巴黎去找一个叫尼克尔·奥里斯姆的人吧，奥里斯姆在历史上相当有名。他会帮助你理解得更加透彻。

描绘速度

尼克尔·奥里斯姆（1320—1382）在巴黎工作，但他对牛津学者们的研究成果非常了解，对测量速度等物体属性也十分感兴趣。

为了更好地理解他想解决的这些问题，他决定使用图像，你马上就会看到，这种方法非常有帮助。

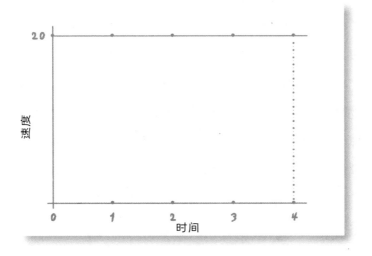

奥里斯姆用水平线表示度过的时间，用垂直线表示物体的速度。画出来后，这些就都变得更简单了。

我们假设物体匀速运动，速度的数值为 20。

匀速运动也就是速度总是不变的运动，出发时的速度是 20，时间 1 的速度也是 20，时间 2 的速度也是……永远是 20。依此类推。

那么我们得到的速度图像就是一个矩形。

用这样的方法，我们同样可以画出某个物体从静止开始，不断均匀加速的速度图像：

时间 1 的速度是 10，

时间 2 的速度是 20，

时间 3 的速度是 30，

时间 4 的速度是 40。

现在我们把速度变化的图像画出来：图形就不再是矩形，而变成了三角形。

如果你仔细观察下面两幅图像就会发现，两个物体在时间 0 到 4 内走过的距离是相同的，因为物体 A 的速度（20）是物体 B 最大速度（40）的一半。这恰恰和默顿学院那几位科学家之前说的一样。

如果不给速度下个确切的定义，就没有办法严格地证明他们所说的，而速度的确切定义还要等到

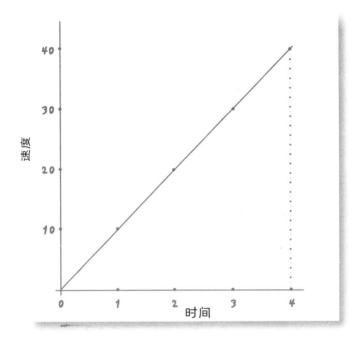

几个世纪后才被科学家提出。不过，通过下面的图像你应该能够发现，物体 B 先是走过前一半时间，加速达到物体 A 的速度，然后必须在后一半的时间内继续加速，才能弥补先前的落后。

　　只有物体 B 成功加速到物体 A 的速度的两倍时，它才能追上 A，快一点或慢一点都不行。

　　默顿学院的学者还有奥里斯姆的想法也逐渐在意大利盛行起来，并得到了深入的研究，特别是在帕多瓦大学。

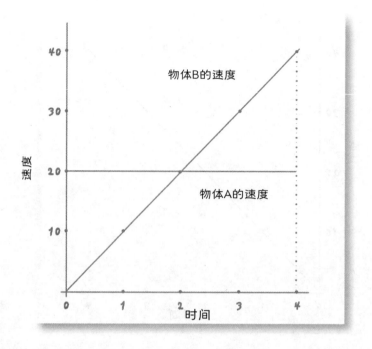

除了计算以外

自 15 世纪下半叶起，有 3 件事让欧洲人的生活发生了翻天覆地的变化：西方活字印刷术的发明、指南针的应用和美洲大陆的发现。

1452—1455 年，在德国美因茨，约翰·谷登堡首次印刷出了《四十二行圣经》。紧接着，活字印刷术很快传播开来。等到 16 世纪末，拥有印刷机的欧洲城市已经超过了 100座，其中有 50 多座都位于意大利。

活字印刷术的发明为思想流通与知识进步做出了决定性的贡献。如果说印刷术的发明促进了思想的交流，那么指南针则促进了不同地区的人之间的交流——它让人类能够在远海航行，即使在云层遮蔽星星的夜晚，人们也能够沿着航线继续前行。

美洲大陆是在 1492 年被发现的，新大陆上生长着"老"欧洲人们从未见过的动植物种类，让他们

认识到世界的广阔与大自然的多样性。后来，他们将这些东西带了回去，于是欧洲有了土豆、咖啡、玉米、番茄（难以想象那不勒斯人在此之前是怎样拌意大利面的）、可可豆、菜豆、烟草，以及一些新的动物，如火鸡等。

艺术实验室

这是一个科学与艺术蓬勃发展的时期，被称为文艺复兴时期。此时艺术家们的画室都是名副其实的实验室，不仅培养年轻人，还会建造机器和完成一些技术性的工作。

在这些画室里，年轻人们需要学习如何切割石头和熔铸青铜来制作雕塑，研究建造教堂圆顶和拱门的技法。除此之外，他们还钻研（人体）解剖学，以便描绘或塑造出尽可能与人类形象相似的作品。

若要表现出画中人物或静物的透视关系，他们还必须掌握数学和几何学。事实上，正是这个时期的艺术家们发明了透视法—— 一种在平面的纸上描绘出立体图像的绘画技法。

按照几何与比例的精确规则，近处的物体看起来更大，而远处的物体看起来更小。

艺术家兼发明家

这就是达·芬奇成长和工作的时代。1452年4月15日，达·芬奇出生在一个名字恰恰叫芬奇的小镇（位于意大利佛罗伦萨附近）。1469年，他移居佛罗伦萨，年仅20岁就加入了当地的画家协会。达·芬奇是有史以来最伟大的画家之一，但他绝不仅仅是位画家，在好奇心的驱使下，他还深入地探索和研究了大量其他学科的问题，为我们留下了许多论文与研究图稿。他涉足的领域包括解剖学和透视学，还有机械制造和桥梁设计，等等。

然而，他从来没有研究过恒星与行星，因为它们太过遥远而无法触及，难以引发他的兴趣。

在当时，许多大学都对天文学和星占学这两门学科进行了深入的研究，但达·芬奇从来没有去过这些大学。尽管如此，他对在当时非常流行的星占学的看法还是相当明确的："关于什么星星对人的影响，

我甚至连听都不想听，因为这些理论并没有科学根据。如果你们在同一时刻观察一些死人的手，比如在战场上阵亡的那些人，你们就会发现，所有人的手都不相同，也没有任何一条掌纹能够看出他们死亡的命运。"

2. 天体力学

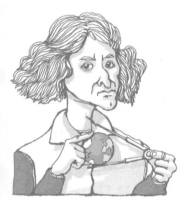

就在达·芬奇满 21 岁之前不久，1473 年 2 月 19 日，在欧洲的另一个角落,波兰的托伦市，有个叫尼古拉·哥白尼的人出生了，他的拉丁语名字 Nicolaus Copernicus 后来将会载入史册。1491 年，哥白尼就读于克拉科夫大学。事实上，他没有从那里毕业，但我们知道他曾经选修过数学课和天文课。

颠覆宇宙

1496 年，哥白尼决定去博洛尼亚学习，并在博洛尼亚大学的教会法学院注册入学。求学期间，他借住在天文学家多梅尼科·玛利亚·诺瓦拉家中，此人肯定对哥白尼的知识储备颇有影响，并且鼓励过他观察天体现象。正是在博洛尼亚，哥白尼首次对天体进行了观察，还特别研究了月球的运动。1497年3月9日晚上11点，月球在他面前经过时挡住了毕宿五星。哥白尼通过观察发现，托勒密在《天文学大成》中得出的部分结论并不准确。为了解释我们眼中月球在天空中移动时的速度变化，托勒密假设月球沿一条轨道运动，这条轨道的中心点离地球非常远。但他没有意识到，如果假设成立，那么当月球运行到距地球较近的位置时，它看起来应该比现实中要大得多。

托勒密的几何学解释能够较好地描述行星的位置，却不能解释我们观察到的所有现象，这点在哥

白尼看来是个严重的缺憾：托勒密的模型和现实看到的东西毫无关系。1501年，还未毕业的哥白尼返回祖国，不久后又去了帕多瓦，在帕多瓦大学

的医学系注册入学。1503 年，哥白尼再次决定回到波兰，为了不至于没有任何文凭，最终他在费拉拉大学拿到了教会法学位证书。他选择这所大学完成学业的原因是它的学费比帕多瓦大学更加便宜。

伟大的革命

回到波兰后，哥白尼在弗龙堡定居下来。他生活和学习的屋子有一个小阳台，从阳台上只能看到半片天空。于是，哥白尼用 800 块石头在屋子上方为自己搭建了一座瞭望台，形状像是城堡的塔楼，此后未来的某天，历史上最伟大（也是最受争议）的科学革命之一将在这里发生。

在了解哥白尼的想法之前，请你不要忘记，当时的天文学家们认为，每颗行星都被固定在立体的球面上，在空中旋转。

1508 年至 1514 年，哥白尼编写了一本小册子，名为《短论》，这本册子仅在 7 条引言中就提及了足以影响并冲击当时思维方式的内容。

让我们一起来看看这几句话吧：

1. 所有天体的运动轨道并不存在唯一的中心。

2. 地球的中心并非宇宙的中心，而只是重力的中心（也就是物体坠落方向所指的地方）以及月球运动轨道的中心。

3. 所有天体围绕着太阳运动，所以宇宙的中心大概位于太阳附近。

4. 与天穹的高度相比，地球与太阳之间的距离是极短的。

5. 所有天穹中的运动都不是由天穹的运动，而是地球的运动引起的。因此，地球连同那些最接近它的部分（地球表面的大气和水）一起，每天围绕着它固定的两极进行完全的旋转运动，与此同时天穹保持不动。

6. 我们看到的太阳运动并不是太阳实际发生的运动，而是地球像其他行星那样围绕太阳转动而引起的。另外，地球同时进行的运动不止一种。

7. 行星看似向后倒退的运动也不是它们自身在运动，而是由地球的运动引起的。所以单是地球的运动就足以解释我们在天空中看到的各种不规律运动。

有什么奇怪的？

哥白尼肯定不是第一个提出这些反对意见的人。早在公元前 300 年左右，古希腊人阿里斯塔克在描述宇宙时就提出，太阳在宇宙中心不动，地球在 24 小时内完成一周自转，并在一年时间内围绕太阳转一圈。既然如此，哥白尼的创新性与革命性又在哪里呢？要理解这个问题，我们首先观察到的现象是：我们脚下的地球是绝对静止的，它既不会滑走也不会跑掉。其次，我们还非常清楚，地球又大又重，几乎完全不适合在宇宙中移动。

但这些还不够。请你重新阅读上面第 2 条陈述："地球的中心并非宇宙的中心，而只是重力的中心以及月球运动轨道的中心。"这也是非常奇怪的，因为这样一来宇宙就会出现两个中心：一个位于太阳附近，是包括地球在内的所有行星运动轨道的中心；另一个是地球，它不仅是月球运动轨道的中心，还是重力的中心，也就是物体坠落时所指向的地方。

虽然我们很容易想象，所有重物都在想方设法地落向宇宙的中心（正如亚里士多德说过的那样），但我们不明白的是，为什么这些重物偏偏要朝着地球的中心落去？地球和其他行星一样，不过是一颗持续围绕太阳转动的小行星。这样一来，重物每时每刻都要试图抵达宇宙中不同的点，因为地球的中心也是运动的。可是这些重物又如何知道该中心在各个时刻究竟处于什么位置呢？

美洲，多伟大的发现！

地球转动的速度应该是多少？若要对地球转动的速度有概念，我们就必须知道它有多大，在这个问题上，美洲的发现能够给我们帮助。事实上，克里斯托弗·哥伦布当时起航并不是为了证明地球是圆的，因为几个世纪以来大家都知道这点。他的目的是新开辟一条通往印度群岛的贸易航路。哥伦布本以为用不了多久就能到达印度，但实际上他花了更久的时间，却只完成了原定行程的一半，抵达了美洲。

哥伦布的航行表明，地球的周长比托勒密想象的要大得多，接近埃拉托色尼在公元前 200 年左右得出的测算值，即大约 40 000 千米。

现在，如果地球的周长为 40 000 千米，地球需要 24 小时才能自转一周，那么赤道上的某个点就会以超过 1 600 千米 / 时的惊人速度移动！

因为：

40 000 千米 /24 时 ≈1 666 千米 / 时。

适可而止！

"地球是运动的"这一想法似乎并不容易让人接受。哥白尼也明白这点，因此他并没有将写完的《短论》出版。

——哥白尼，为什么你不出版《短论》呢？

——我当时还在继续研究和完善我的天文学体系，用几年的时间写了另外一本篇幅更长，也更完善的书——《天体运行论》。

——为什么呢，《短论》里没有包含所有的内容吗？

——原理是一样的，但是若想计算出行星如何运动，还需要发展整个天文学体系。

——也就是说你当时需要证明太阳真的位于宇宙的中心吗？

——在我的模型里，太阳并没有完全位于宇宙的中心，而是存在一些偏移。宇宙的中心对应的是地球运动轨道的中心。无论如何，就算太阳没有在正中心，它也是静止的，是地球在旋转。不过这点我们没有办法证明，没有任何东西能够明确地告诉我们地球在转动。可是，如果我能够计算出所有行星如何运动，并且为人们在天空中观察到的各种现象找到解释，同时，如果我的体系比托勒密的体系更加简单……那么，我希望人们会开始相信宇宙的组织方式可能真的像我说的那样。

前进与倒退

——哪些现象是你想要解释的呢？

——首先就是行星的逆行运动。为了解释它们，托勒密不得不构建一个非常复杂的体系。而如果我们假设太阳静止而地球转动，那么解释起来就非常容易了。请你看下面这幅图。

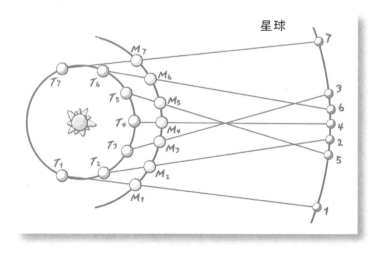

通过观察图片我们会发现，行星相对恒星会"停下"或者"倒退"。比如说，地球从 T_1 位置开始转动。此时，火星位于 M_1，相对恒星所在的球面，我们会看到它位于 1 号位置。当地球在 T_2 位置，火星在 M_2 位置时，我们就会看到它在 2 号位置，也就是说火星在"前进"，当我们看到火星在 3 号位置时也是如此。然而，当地球在 T_4 位置，而火星在 M_4 位置时，我们看到的火星在 4 号位置，它便从原先的 3 号位置向后"倒退"了。这种"倒退"只是表面上的，因为实际上火星永远只会向前运动，正是因为地球也向前运动且追上火星了，我们才会看到火星到了 4 号位置，仿佛是向后倒退了。5 号位置也是同样的情况，火星似乎"倒退"得更多了，然后在 6 号和 7 号位置火星又开始向前移动。

——你居然只借助圆周运动就解释了这一切！柏拉图曾经许诺，要颁给那些只用圆周运动就能解释行星逆行现象的哲学家一个奖项，你知道吗？

——但谁又知道柏拉图当时能不能接受地球也在转动的观点呢？

——不过你究竟是怎么想到这些的？

——我非常仔细地研究了托勒密的分析，并且在一个问题上思考了很久。我们以火星的系统为例。托勒密不仅构建出了火星绕着地球运行的球面，还设想火星同时绕着本轮运动。本轮就是你在后面图中看到的三个圆形轨道中最小的那个，它的圆心总是在火星围绕地球运行的球面上运动。

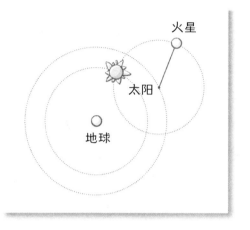

现在我们来试着将这些圆圈改变一下。我们把围绕地球的球面变小，把本轮变大。

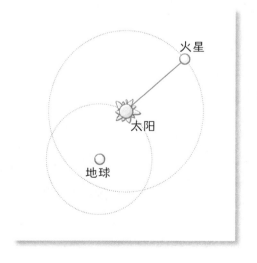

改变后得到的结果是，无论是在第一幅还是第二幅图中，我们从地球上看到的火星总是位于相同的方向。但是第二幅图有个令人难以置信的新奇之处：太阳总是位于地球和大圆圆心的连线上。这样看来，我们就可以构建一个同时包含太阳、地球和火星的单一系统。既然火星能够和太阳结合在一起，那么或许木星也是可以的。我做了些尝试，果然成功了。慢慢地，我把所有行星都放在了同一张图中。

——可是地球看起来好像还是处在中心的位置，一动不动。

——在这个数学模型中它当然是不动的，不过你可以放心，这个模型并不代表现实的情况。

——那你又是怎么知道的呢？

像只足球

——原因很简单，模型中的球面是可以相交的。但如果球体是实心的，又怎么可

能相交呢？你有没有尝试过让两个杯子相交？这是不可能的。你最多只能把一个杯子放在另一个杯子里面，但它们永远也不会相交。

——那球面又如何？你真的确定所有行星都镶嵌在实心的球面上吗？

——当然确定！如果它们不是镶嵌在一个恒定不变的球面上，那些恒星之间又怎么会总是保持相同的距离？你有没有观察过足球？足球是黑白相间的。那么在你看来，为什么黑色的图案之间总是能与其他部分保持相同的距离？这是因为它们镶嵌在了一颗实心球体上啊。不过，足球也并非稳固且不可改变的，如果你将它压扁，就会清楚地看到，黑色图案之间的距离发生了变化。这种情况当然不可能发生在恒星身上。还有另一个问题：如果没有球面，天空中的所有这些东西靠什么支撑起来？

——好吧，我感觉我们似乎又回到了原点：模型很漂亮，但它肯定是不现实的。

——的确如此，不过……如果你在采用这个模型的基础上……让太阳静止下来……让地球开始运动……看吧，所有问题就都解决了：模型不仅漂亮，还会变得非常简单，而且球面也不会相交了。

——天哪，这太妙了！但你能确定这是对的吗？

绝妙的比例

——暂时还不能确定。我还要继续演算。首先假设太阳静止不动，地球围绕太阳旋转，然后观察金星，它比太阳离我们更近。接下来，我们再测量金星和太阳之间的夹角。从地球上看过去，当金星位于 A 点，也就是当它与地球的连线和它与太阳的连线之间的夹角等于 90 度时，金星与太阳之间的夹

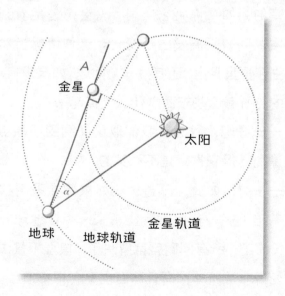

角 α 将达到最大。此时，数学家们就能够根据地球到太阳的距离计算出金星到太阳的距离。假设地球到太阳的距离为1，那么金星到太阳的距离就是0.72。

——很好，然后呢？

——按照这种方法，我根据地球和太阳之间的距离计算出了各大行星到太阳的平均距离，我还计算出了每颗行星围绕太阳完整旋转一周所需的时间（周期）。

行星	相对距离	周期／天
水星	0.387	88
金星	0.723	225
地球	1.000	365
火星	1.520	687
木星	5.200	4 333
土星	9.540	10 759

——请接着说。

——宇宙的比例真是堪称绝妙啊。

——这又是什么意思？

——你看，离太阳最近的行星（水星）绕太阳公转一周所需时间最短。行星离太阳越远，公转一周所需的时间也就越长。这很神奇吧？除此之外，地球的数据也完全符合这个规律：地球是离太阳第三近的行星，而它绕太阳一圈所需的时间也是第三长的……只要地球绕太阳旋转，那么数据就是吻合的。

——妙极了，你说得对，但是你有没有尝试过把地球放在宇宙的中心然后进行同样的计算呢？

——这不太可能，因为从地球上我们只能测量出我们看到行星的角度，却测量不出行星到地球的距离。请看下面这幅图。

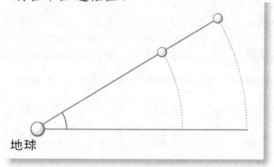

地球

在地球上仰望星空，无论行星在大圆还是小圆上运动，你都会看到它在同一个地方。

——确实是这样，哥白尼，你说得没错。有了这样一个巧妙的体系，你是不是就能够计算出整个宇宙的大小了呢？

视差？

——不，我只知道宇宙应该非常非常大。我敢肯定，恒星所在的球面一定距离我们特别远。

——你怎么知道？

——恒星是看不到视差的。

——嗯？

——这很好理解。你只需要找到一个挂在墙上的物体，比如一幅画，站在它面前。现在将你的手臂伸向前方，竖起你的食指，注意手指到这幅画边缘的距离。保持手指不动，闭上你的左眼，然后继续保持手指不动，睁开左眼，再闭上右眼。你会发现，手指的位置发生了变化。

——但我并没有移动手指。

——你当然没有，手指本身的确是不动的，但如果你用右眼看，手指就会相对画框向左移动；而如果你用左眼看，它就会向右移动。这就是我所说的视差。

——这和恒星又有什么关系呢？

——如果地球在移动，就好像地球在左边时我们用左眼看，地球在右边时我们用右眼看，这样一来，我们就应该会看到恒星也相应地改变了位置，就像我们之前看手指时那样。但是，我们却从来都没有观察到过这种位置变化。唯一的解释是，恒星离我们实在太过遥远。如果你再试着先后闭上左右两只眼睛去看一棵远处的树，视差也就不那么明显了。

——抱歉，哥白尼，我还有一个问题，既然托勒密的研究有这么多错误，那他为什么又能够这么准确地计算出行星的位置？

——托勒密和我的模型计算出的结果差别不大，这是因为，从地球上观测同一颗行星在天空中的方位，只能得到唯一的观测结果。我大学时的教授曾经说过，一个结论正确的研究要么没有错误，要么包含不止一个错误，这些错误对计算造成的影响能够彼此抵消。

挑战一切逻辑

——那么，你为什么如此相信你的模型呢？

——我之前给你解释过了，我的模型体现着宇宙中一种美妙至极的秩序，那就是让太阳处于群星中央。的确，"在这个无比美丽的殿堂（宇宙）里，将太阳这盏明灯放在能够照耀万物的中心位置，这再合适不过了！"还有，我并不是什么疯子，因为在古代，有很多思想家都认为地球在宇宙中是运动的，比如阿里斯塔克和毕达哥拉斯学派的思想家们。就算我是疯子，我也不是唯一的疯子！

——这番自我安慰倒是不错。但是你有没有计算过，如果巨大的地球在短短24小时内就自转一周，那么它转动的速度需要有多快？

——不管这个速度有多快，它肯定远远低于恒星所在的巨大球面同样转动一周的速度。事实上，恒星所在的球面比地球要大得多。

——但是地球上物体所做的"自然"运动都是直线运动，而不是圆周运动（例如一块石头只会竖直落下，而不会发生旋转）……

——但地球是球体，球体的自然运动就是旋转……

当天才感到羞愧时

其实，哥白尼是个极其谨慎的"革命者"。他的模型看起来十分荒谬，因此他害怕被大家嘲笑：地球又大又沉，很难想象它会被"抛"过天空。再说了，日常经验也恰好与之相反：我们脚下的地球是静止不动的，我们对此深信不疑。另外，为了让测算结果符合行星的观测结果，哥白尼必须对球面的运动加以修正，因此，他最后设想的宇宙几乎和托勒密的同样复杂。在下一页中你可以比较两人的模型。

要是没有那个被称作"雷蒂库斯"的人，哥白尼这一生可能永远也不会出版任何作品。雷蒂库斯的真名是格奥尔格·约阿希姆·冯·劳申，1514年他出生在雷蒂亚地区（也就是今天的瑞士和奥地利）——雷蒂亚人也被称作"雷蒂库斯"，于是他的这个绰号便流传了下来。

雷蒂库斯是德国维滕贝格大学的数学、算术和几何学教授，他听说了哥白尼的想法。当时，哥白尼还没有出版任何相关的著作，所以雷蒂库斯决定直接登门拜访这位科学家，向他请教。

哥白尼的模型

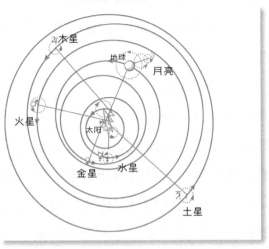

托勒密的模型

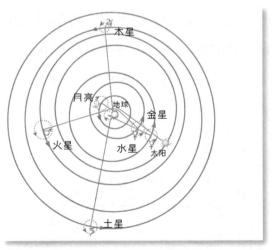

　　1539 年，雷蒂库斯拜访了哥白尼，在阅读《天体运行论》的手稿后，他发现哥白尼观点新颖、论

述有力，于是下定决心让世人了解它们。为此，他写了一本名叫《概论》的书，阐述了这位波兰科学家的思想。

以下是书中的一些句子。

"正如哥白尼所展示的那样，天体真正的奥秘在于地球均匀而有规律的运动。毫无疑问，其中蕴藏着上帝的力量……我们为什么不能认为自然的造物者——上帝也拥有我们在普通钟表匠身上观察到的才能呢？他们会尽可能地避免在机械结构中使用不必要的齿轮……"

正是通过《概论》这本书，科学界认识了哥白尼的观点，除此之外，雷蒂库斯还成功出版了哥白尼的《天体运行论》。1543 年 5 月 24 日，他将一册

印刷好的书送到了哥白尼手中，让他在永远闭上双眼前不久看到了自己的杰作。

不，哥白尼，这样不行

哥白尼这些革命性的观点引发了非常激烈的反应，特别是让基督教会非常不满。

此处需要区分"天主教会"与"基督教会"，因为正是在哥白尼生活的时代，欧洲发生了宗教改革。

1539 年，宗教改革的领导者马丁·路德称哥白尼是"违背《圣经》教义的蹩脚科学家"。另外，法国的宗教改革家加尔文也抱有同样的观点，他坚持认为必须将《圣经》中的每一个字都视作真理，哪怕是关于科学问题的内容。

后来，天主教会才正式对哥白尼的理论采取了谴责的态度。而在哥白尼提出新理论的初期，已经有不少神职人员公开对他进行了批判，声称哥白尼的学说违反了科学服从于神学的原则。在他们看来，哥白尼的理论"愚蠢而荒谬，是不折不扣的异端邪说"，违背了宗教信仰的真理。

天文学家们则对新的理论普遍持谨慎态度，但许多人都非常赞赏哥白尼所做的工作，因为根据哥白尼模型推算出的结果与行星运动的观测结果非常相符。

无独有偶

现在看来，当时已经出现了两种描述宇宙的体系：托勒密认为地球处于宇宙的中心，静止不动；哥白尼却认为，太阳才是宇宙的中心。科学家们还提出了哪些新的理论呢？第谷·布拉赫登场了。1546年，第谷出生在丹麦，他对星占学很感兴趣，在兴趣的驱使下，他坚信天体现象会对地表现象产生影响，于是开始进行精确的天文学观测。

第谷从16岁起就经常仔细观察天空，也正是天空献给了他一份意料之外的礼物。1572年11月11日，第谷注意到仙后座出现了一颗新星。

为什么会出现一颗新星呢？天空不应该是完美无缺且永不变化的吗？亚里士多德的确是这么说的，但这颗新星确确实实出现了，而且非常明亮。

慢慢地，这颗新星的颜色发生了变化。先是由白色变为黄色，然后略微泛红，又变成了红色，最后颜色越来越暗淡，直到1574年初，就像当时突然出现那样，它又消失得无影无踪了。

第谷十分细致且耐心地观测了该现象，并在1573年出版的《论新星》中写下了他的观测结果。

恒星与彗星

第谷给丹麦国王留下了深刻的印象。因此，国王想赠予他一份特殊的礼物，他将整座汶岛全部赏赐给了他。后来，第谷请人在这座岛上修建了一座大型的天文台。

天空也再一次慷慨地给第谷献上了礼物：这次是1577年到1585年出现的彗星。作为回报，第谷对这些彗星进行了仔细的观察与研究，得出了一个极其有趣的结论。

——第谷，你发现了什么？

——观测彗星的视差特别微小（如果你不记得什么是视差了，请重新阅读第 39 页）。

——天哪，真有意思……那么这说明什么呢？

——这说明彗星其实非常遥远，它们到地球的距离比地月之间的距离还要远得多。

——谁说不是这样呢？

——亲爱的，你还是学得不够多啊。当时所有人都在反对我的观点！

——为什么呢？

——根据亚里士多德的理论，天空应该是完美且不变的，但是彗星却会突然出现又消失。那么这样一来，彗星应该属于气象现象，就像下雨或冰雹，只能发生在月下界，因为只有在月球天层以下的世界，一切事物才会

发生变化。

——那你确定事实并非如此吗？

——我确定，因为彗星的视差实在是太小了。我观察到的所有彗星都在月球天层以外的区域，而不是像几个世纪以来，亚里士多德及其追随者让我们毫无理由地相信的那样，在月球以下的空气之中运动。

——但是彗星也像行星或恒星那样，镶嵌在转动的球面上吗？

不要再说球面了！

——在我看来，行星随着球面转动这种说法应该从天体研究中被剔除。彗星的运动已经清楚地证明，与迄今为止许多人所相信的不同，天体运动并不像一台由层层球面组成的、密不透风的机器。相反，宇宙在各个方向都是自由而开放的。

——我的天哪！你说的东西简直比哥白尼的还充满颠覆性。

——伟大的哥白尼确实构思出了巧妙的模型，但当他断言地球会移动时，他不仅违背了自然的原则，还冲击了《圣经》的权威。我认为，应该毫不动摇地坚持地球位于宇宙的中心，且保持静止。我认为托勒密的模型也是错误的，只有像钟表一样指示时间的太阳和月亮，以及那些遥远的恒星天层才围绕地球旋转。而其余5颗行星（水星、金星、火星、木星和土星）则将太阳视作它们的国王，围绕太阳旋转。

——我没太理解。

——看看这幅图吧。

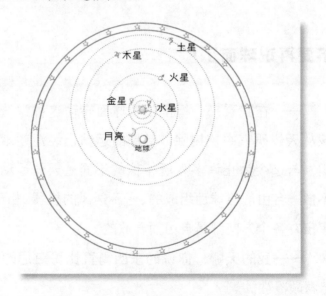

——可是火星的球面与太阳的球面相交了……

——我再重复一遍：所谓球面并不存在，行星是独自在空间中运动的。虽然火星的轨道和太阳的轨道相交，但是这两个天体永远不会相遇，因为火星总是绕着太阳转动。从图中你也可以看出，危险的天体碰撞是永远不可能发生的。

——但究竟是为什么，偏偏是在这段时期，你们所有人都像觉醒了似的，提出了关于宇宙的新想法？

——也许这并不是巧合……每当有人提出新的理论，比如哥白尼，一场有趣的讨论就会随之展开，许多人都想要参与其中。我们现在也只是刚刚开始。你知道的，我总是试图解释各种天文现象，还发现了一颗新星。也许在人类认识自然的历史上，这颗新星恰好标志着一个伟大的变革时代的开端。哥白尼的确是个天才，而我做得也不差……但更厉害的人还在后面呢。我还想顺便向你介绍一下我的新同事：约翰内斯·开普勒。

是时候说轨道了

1571 年，开普勒出生在德国小镇威尔德斯达特。

成年后，他进入杜宾根大学就读。这所大学的天文学教授米夏埃尔·马斯特林除了向学生们讲解托勒密的模型，还会教授哥白尼的模型。马斯特林鼓励年轻的开普勒比较两种模型的优缺点，于是开普勒也开始认同哥白尼的理论。让哥白尼相信日心模型（太阳位于宇宙中心的模型）优于地心模型的一点是，在日心模型中，月球绕着地球旋转，围绕太阳运动的行星只有6颗，而在托勒密的模型中，围绕地球运动的行星有7颗，因为月球也被看作其中之一。

——实在不好意思，开普勒，但我还是想问，为什么你这么在意行星的数量，认为必须是6颗呢？

——我曾经在1596年写的《宇宙的奥秘》中尝试论证，至高至善的上帝（这是我亲切地称呼造物主的方式）在构建世界并设计天体时，是以自毕达哥拉斯和柏拉图时代起就备受推崇的5种正多面体作为根据的。

——具体是哪5种正多面体呢？

——你可以在后面的图中看到它们。

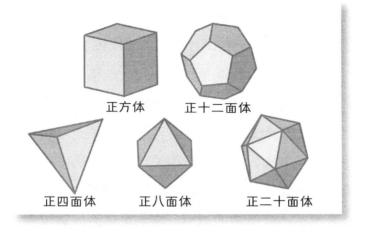

正方体　　　正十二面体

正四面体　　　正八面体　　　正二十面体

——它们为什么这么重要呢？

——因为它们是仅有的、由完全相同的正多边形构成的立体图形。正方体由 6 个边长相等的正方形构成，正四面体、正八面体和正二十面体分别由 4 个、8 个和 20 个等边三角形构成，正十二面体由 12 个正五边形构成，也是等边的。

——有意思，但这和宇宙又有什么关系呢？

——至高至善的上帝根据这些正多面体的特性设计出了天体的大小、数量和运动方式。

——你真的确定吗？

——当然了，太阳、恒星与空间这些静止的事物与圣父、圣子和圣灵的三位一体是相对应的，它们体现出的令人惊叹的和谐也鼓励着我在行星的运动中寻找和谐的规律。

——那后来你找到什么和谐的规律了？

——地球的轨道是其他一切天体轨道的尺度。你可以在它周围画一个外接于它的正十二面体，外接于这个正十二面体的球体对应着火星运动所在的球面；接下来，在火星球面的球体周围再画一个外接于它的正四面体，外接于这个正四面体的球体对应着木星运动所在的球面；在木星球面的球体周围再画一个外接于它的正方体，外接于这个正方体的球体对应着土星运动所在的球面。在地球轨道里面画一个内接于它的正二十面体，内接于这个正二十面体的球体对应着金星的球面；在金星球面的球体里面再画一个内接于它的正八面体，内接于这个正八面体的球体对应着水星的球面。

——你真的认为这些一个套一个的奇怪图形能够很好地描述行星的轨道吗？

——听着，亲爱的，我也曾尝试过寻找其他更加简单的和谐，看看是否存在什么偶然的情况，比如一条轨道刚好是另一条的两倍、三倍或是四倍大，可是没有结果。不过，通过我这种大胆的几何结构得出的数据结果与哥白尼的非常相近。因此，我觉

得自己所走的道路是正确的。

——我的天哪！但是真的会有人相信这些图形游戏吗？

——我把我的书寄给了第谷·布拉赫，尽管他并不认同哥白尼的模型，但他对我的计算能力印象深刻。第谷需要一名优秀的数学家，所以他在离开丹麦去布拉格担任神圣罗马帝国的宫廷数学家时，邀请我过去当他的助手。

——所以没有其他人对你的书发表任何意见了吗？

——我还收到了一封信，是个叫伽利略·伽利莱的意大利人写的，他对我遵循哥白尼的模型表示了赞许，但在我看来，他并没有读完我的整本书。不过，我还是给他回了信，试图在我们之间建立一种有利于双方研究的通信关系，但是后来他却再也没有回复我。

帝国的数学家

——所以你后来都做了些什么呢？

——我和第谷一起工作，直到他于1601年去世，然后我接替他的职位担任帝国数学家。伟大的第谷留下了许多精确的观测数据，对我的研究非常有帮助，正因为此，我才能够完成我的著作《新天文学》，并在1609年将其出版。

——你的"新天文学"真的很重要吗？

——那当然，而且它绝对是"崭新"的。我所说的东西都是此前没有人说过的。你知道行星的速度似乎会改变吗？它们的运动看起来有时慢，有时快。

——我当然知道，也正因为此，天文学家们才总是想方设法地将不同的运动组合起来，以便解释行星发生的这种表面上的速度变化。

——好吧，可是速度的变化根本就不是表面上的，而是真实发生的：行星的速度本身就会发生改变。

——我不信，你怎么证明呢？

——因为连接太阳和行星的线在相同时间内会在轨道范围内覆盖相同的面积，经过测量你就会发现事实的确如此。

——能再给我解释一下吗？

——请看下面这幅图。

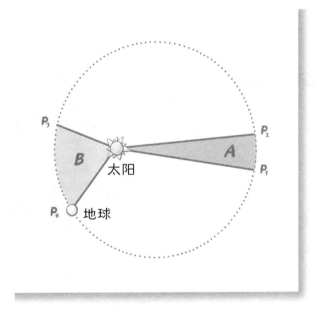

如果一颗行星在一定时间内从位置 P_1 运动到 P_2，那么假如区域 A 的面积与区域 B 的相等，那么在同样长的时间内，它也可以从位置 P_3 运动到 P_4。

　　——这和速度又有什么关系呢？

　　——哎，你仔细看看，行星从 P_1 运动到 P_2 的路程要比从 P_3 运动到 P_4 的路程短。如果运动的时间相同，那么就意味着它走得更慢。不过，这幅图其实是错误的，因为行星的轨道并不是正圆形。

　　——你在说什么？

从正圆到椭圆

　　——每颗行星的轨道都是一个完美的椭圆，太阳位于椭圆的焦点之一。只有如此才能符合行星位置与速度的观测结果。

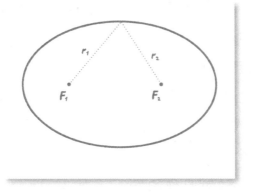

——这不可能，轨道肯定是圆形的！

——事实上，没有人能够只用一个圆就真正描述出行星的运动。我尝试过用所有可能的圆来计算行星的位置，但是都没有成功，观测到的数据总是和计算结果不一致。我的误差在每度8分钟左右。

——我觉得误差似乎也不是很大。

——好吧，但是只要使用椭圆轨道，误差就消失了。而且，只需要一个图形就能描述行星的轨道，一个椭圆就够了，而不再需要好几个圆。

——但是，椭圆具体是什么呢？

——椭圆就是上方的图形。如果你想知道数学家们如何定义它，请翻到第275页。要画出椭圆，你可以先在 A 点和 B 点分别放置两根针（这两点被称作椭圆的焦点），然后围住两根针系上一根稍长的绳子。接着像下方的图中这样，将铅笔放在绳子一侧，向外拉紧，移动铅笔画曲线，保持绳子紧绷，这样就可以画出你的椭圆。行星沿着椭圆运动，太阳就位于椭圆轨道的其中一个焦点上。

——这就是你的发现吗？

宇宙的音乐

——不仅如此，我还继续尝试寻找统治宇宙的和谐。1619 年，我出版了一套书，名字叫《世界的和谐》。我在书中不仅研究了行星轨道之间的几何关系，还研究了音乐的和谐。

——但这些不都是毕达哥拉斯的观点吗，我还以为会有些什么更加先进的东西呢。

——毕达哥拉斯也不是傻子！不过呢，我在寻找和谐的过程中要走得更远一些，我确信："任意两颗行星公转周期的平方之比恰好是它们的平均距离的立方之比，也就是各自轨道半轴长的立方之比。"

——你说什么？

——我刚说的是"开普勒第三定律"，在第276页你可以找到更加详细的解释。总之你别担心，是否准确理解这个方程并不重要。重要的是要知道，行星围绕太阳转一周所需的时间和它们与太阳之间的距离存在精确的关系。用数学形式将这种关系表达出来也是极其重要的。整个自然界似乎都服从于数学的规律，这是个不小的发现。宇宙"掌握"数学和几何学，而且还掌握得很不错：实际上，椭圆并不是多么简单的图形。

为了得出这种数学关系，的确必须像开普勒那样具备恒心和耐心，或许还需要像他那样，对宇宙中存在和谐抱有不可动摇的信念。在发现这一定律之前，开普勒已经尝试了所有他能够想到的周期与距离之间的关系。其他普通人都会很快变得灰心丧气，或者中途放弃研究。但是开普勒却不会，他认为和谐一定存在，他也一定要找到它。

如今，开普勒三大定律（相关摘要见第276页）是大家在学校里都会学习的内容，但是在开普勒的时代，这些定律却造成了一些尴尬情形，将尚未解决的最大问题放在了最为显眼的位置：如果行星在椭圆轨道上自由运动，并且速度发生变化，那么为什么它们永远也不会停下来？究竟是什么在驱动着它们？

需要一种动力

就像亚里士多德一样，开普勒确信，物体只有在具备动力的情况下才能够运动。所以，众多行星需要一种取之不竭的动力，永远维持它们在宇宙中不断运动。

在这些年里，开普勒阅读了英国人威廉·吉尔伯特于1600年出版的《论磁》，他特别研究了球形的磁铁，认为地球就像一块大型的磁铁。这就是为什么指南针的一端总是指向北方。

于是，开普勒得出了这些结论：

"我的研究终于完成了最后一步，我证明了行星的运动必须由天体的磁力来驱动。行星的动力有可能类似于磁铁那种倾向于靠近磁极，并吸引铁的特质。似乎只有在解释太阳本身的部分运动时，才必须用到所谓来自灵魂的力量。"

　　开普勒提出这种解释时，他的语气并没有像提出其他论证时那么笃定。虽然他不是非常肯定，但仍然试图找到一个能够让人接受的解释。

　　与我们所说的现代科学家们相比，开普勒完全不一样：他相信恒星的力量，声称太阳拥有灵魂，并且在行星之中寻找音乐。尽管如此，他还是为我们提出了三条关于行星运动的基本定律。

　　也许正是因为开普勒"富于幻想"的态度，伽利略从未重视他。

3. 从天体到地球

这位伽利略先生又是谁呢？伽利略·伽利莱于 1564 年 2 月 15 日在比萨出生。他最开始学习的是医学，但后来放弃了，转而投身数学。

他的老师奥斯蒂利奥·里奇将自己对阿基米德的景仰之情也传递给了学生。我们必须记住，阿基米德是用数学工具来解决物理问题的，这样的想法也牢牢根植在伽利略的头脑之中：若要描述自然，就必须使用数学。

1592 年，他来到帕多瓦大学任教，从此开始深入地研究天文学。他一边研究哥白尼体系，一边教授托勒密体系。自某天起，他对潮汐现象产生了兴趣，认为这可能是地球运动的一种信号。这些推理让他相信哥白尼的观点是正确的。

望远镜

1609 年春天，伽利略得知，荷兰有人发明了一种仪器,能够让人看到放大的东西.这种仪器被称作"望远镜"，用来观测大海，比肉眼可以更早看到驶来的船只。伽利略立即把这个创意作为自己的想法转卖给了威尼斯共和国，也就是派他赴帕多瓦大学任教的国家。这件事让伽利略获得了许多赞誉，他的薪资也因此提升了。但是后来，当共和国总督发现望远镜早已在荷兰为人使用时，他对欺骗了自己的伽利略感到非常生气。

于是，伽利略决定，要在总督和全人类面前努力赢得一项真实的荣誉。就这样，他将望远镜直指天空，同一年里，开普勒刚好发表了《新天文学》。

望远镜让伽利略观察到了他前所未见的东西。

——伽利略，你看到 UFO 了吗？

——别说傻话，我看的是月亮。

——好吧，其实你还可以看看更远的地方……

——月球上有山谷，它的表面和地球非常相似。

——什么？可是亚里士多德说过，月球与所有天体一样，是完美且不发生改变的。

我的镜子啊……

——月球表面和地球表面是相似的。

——你已经告诉过我了，但我会证明你是错的。月球能够反射太阳的光，所以它的表面是完全光滑的，就像镜子的表面一样。你见过土块能够反射光线吗？

——可是月球表面和地球表面的确是相似的……

——是的，这个我知道，但是……

——……正因为此，它才会反射太阳的光。

——什么？

——你去取一面镜子，把它挂在房子的白色外墙上，让阳光能够照射到它。然后请你好好看看，到底哪部分能够更好地反射太阳光，是镜面还是房子的白色外墙？

——镜子反射的光晃着我眼睛了……但是，只要我稍微移动一下，改变位置……镜子看上去就变得全黑了！

——啊！那白墙呢？

——无论我站在什么位置，白墙看上去总是很亮。

——那么谁才是对的呢？月球表面和地球表面是相似的。

——好吧，好吧，你说得对。你还用望远镜看到了些什么？

恒星、卫星和行星

——银河是由许多颗非常小的恒星构成的。

——银河是什么？

——如果在一个漆黑的夜晚抬头望向天空，你会看到一条发白的浅色亮带，那就是银河。如果你通过望远镜去看它，就会看到许多颗小星星，它们离地球非常远。但是，这些小星星之间的距离非常近，

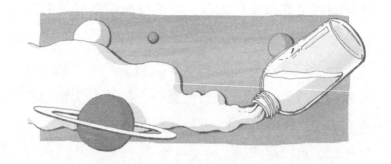

所以肉眼看上去就像一道浅浅的光带。

　　——你还看到什么奇怪的东西了吗？

　　——木星有 4 颗"月亮"。

　　——这太夸张了吧？首先，月亮只有 1 颗，并且到目前为止，还没有人想象过它能够围绕着木星旋转。

　　——我说的是另外 4 颗"月亮"，是新的天体。抱歉，也不能说是新的，是新发现的、我们以前从未见过的，因为肉眼无法看见它们。4 个天体围绕着木星旋转，就像月亮围绕地球旋转一样。

　　——你确定吗？

　　——假如你读过我 1610 年出版的《星际信使》，你就会对我看到的一切有个清晰的概念。鉴于我是个慷慨的人，就把我观察到的图像给你看看吧。

　　——看到这些后你是怎么想的呢？

——宇宙的构成并非像亚里士多德说的那样。"天体"和地球之间并不存在区别，构成行星与恒星的物质和构成地球的物质都是类似的。地球在旋转，其他行星也在旋转。所以哥白尼的理论是正确的。

——天体与地球类似，这点我理解，但我不明白为什么它让你觉得哥白尼的理论是对的。

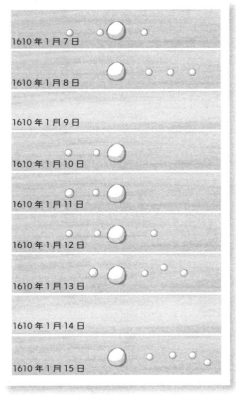

1610年1月7日

1610年1月8日

1610年1月9日

1610年1月10日

1610年1月11日

1610年1月12日

1610年1月13日

1610年1月14日

1610年1月15日

大金星和小金星

——我当然还有其他证据。例如，根据哥白尼的理论，金星围绕太阳旋转时，它的大小看上去应该会发生变化：在靠近我们的位置会变大，在远处就会变小。此外，人们不应该总能看到"完整的"金星，因为金星也有相位，就像月亮一样：先是1/4的金星，然后是1/2的金星，最后金星消失，接着又开始渐渐出现（请看图）。肉眼看上去，金星只是一个明亮的小光点，但如果用望远镜看，你就会看到，它的相位和大小都在发生变化。这些现象完全无法用托勒密的模型来解释。

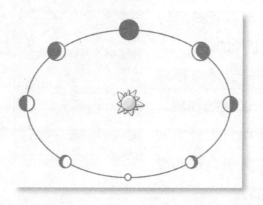

《星际信使》的出版引起了巨大的反响。通过观察，伽利略打破了亚里士多德和托勒密宇宙的权威，不仅如此，他还提出，要使用一种技术仪器以拓宽科学研究的视野。

新的领域就此开辟，但新的问题也随之而来：为什么通过望远镜可以看到放大的图像？使用"仪器"观察到的东西究竟是真实的，还是一种光学幻像？正因为此，当时许多天文学家都无法相信新的观测结果。

傲慢终将化解

为了支持他的论点，伽利略随后前去寻求时任帝国数学家开普勒的支持。开普勒收到了一册《星际信使》，接着，他非常慷慨地给报社写了封答复信，也就是《与星际使者的对话》。他在年轻时也曾向伽利略寻求对自己的作品的意见，却从未得到回复。

但是，开普勒没有放过向这位来自比萨的科学家表达不满的机会："我不觉得伽利略，一个意大利人，应该由我，一个德国人来肯定他，即按照他的想法去重塑真理，或者重塑我最深刻的信念。"可是，就在这封信的后文中，开普勒对伽利略的工作以及成果表现出了极大的敬意，并且还补充道："所有相信哲学的朋友都被召集到一起，开启了一场高尚的思考。"

表象具有欺骗性

——听着，伽利略，我可以相信你所说的那些观察结果，我甚至可以相信托勒密模型并不正确，但我敢肯定，我们脚下的地球的确是静止不动的。

——你为什么这么肯定呢？

——就像古人们所说的那样，当然，现在的人们也这么说：如果我们从塔顶落下一块石头，这块石头就会落在塔脚下，而不会向西偏移。假如它向西偏移，就说明在此期间，地球向东转动了。当我们朝向东边或者朝向西边射箭时，箭射出的距离总是相等，相反，假如箭在飞行过程中地球朝相反方向运动，那么射向西边的箭飞出的距离应该比射向东边的箭更远。

——你确定吗？

——当然啦！

——好吧，那么你是在说，假如我站在一辆静止的马车上，我以同样的方式分别向前方和后方射

出相同的箭，它们飞出的距离总是相等的，对吗？

——正是这样！

——可是，假如这辆马车在运动，我朝前方射出箭，它将在距离马车一定距离的地方触地；而如果我朝后方射箭，那么，箭插在地上的位置应该距离马车更远，因为在此期间，马车已经向前移动了。

——你大概明白我的意思了。

——好吧，既然这样，请你去找些必需的东西，我们来做个实验！

——什么必需的东西？

马车、轮船……和火车

——等到海面风平浪静的时候，请你找到一艘轮船，登上它。当轮船匀速行驶时，请你走到船的甲板上。你认为，往不同的方向投掷一个物体能够让你分辨出船正在往哪个方向行驶吗？

——我不知道，我也从来没有试过，但我要去哪里找一艘轮船呢？

——说的也是。不过在你的时代应该会有火车，

有的火车速度还非常快。如果你站在匀速行驶的火车里（假如火车正在刹车或加速，那么情况就不适用）

向前抛出一个球，它落地的位置会比你向后抛时更加靠近你，因为当球还在空中飞时，火车就已经向前移动了，是这样吗？

——不是的，但是……

——如果你还带上了你养的小金鱼，那么鱼缸里的水是不是都会飘到火车尾去？

——不，我并不这么认为……

——如果你从火车的窗口向外看去，你又如何能够确定是你在移动，而不是树木在向着你走来？

——你在说什么呀？当然是我在移动，树木可是牢牢扎根在土地里的！

——你这么说只是因为树木没有长脚而已。如果你乘坐的火车还停在火车站里，旁边还停着一列火车，当你坐的火车开始缓缓移动时，难道你不觉得是另一列火车在朝着相反的方向移动吗？

——好吧，你说的有道理。的确是这样，有时候明明是我自己在移动，我却认为是对方在移动。

够了，你把我绕晕了。和你说话真是太累了！

——怎么就累了呢？我们这才刚开始呢。到目前为止我们只是想要证明，如果你在匀速运动，也就是说火车既没有加速也没有刹车，那么你就无法判断你是真正在移动还是在保持静止。

——这只是你的一面之词。

——我只是在总结我们的对话而已。如果你在火车、轮船或者汽车上，并且它们总是以同样的速度移动，要是不看外面，你就不可能知道自己是在移动还是静止的。如果你用同样的力气扔出一个球，那么无论你朝什么方向扔，它飞出的距离都是相等的；你的金鱼也会安然无恙地在鱼缸中游动，和在家里时一模一样；如果你扔下一个物体，那么它也会垂直落下，不会发生偏移。

——等等，等等，这些不是我们要讨论的。

——好吧。那么假设我们在一列笔直的火车上，火车开得很快，正在以 10 度的速度行进。

——"10 度的速度"是什么意思？

——这是我们给速度设定的一个衡量标准：1 度的速度是很慢的，10 度的速度是特别快的。你能理解吗？

——可以。

——接着你厌倦了旅途，开始玩一只球。你先把它扔到空中，然后等它落下时再抓住它。

——抛球多么好玩啊……

——比你想的要好玩得多。你真的觉得你能够抓住它吗？

——你觉得我会抓不住自己抛出的球吗？

——那倒没有。但我想着，当球被抛到空中时，

火车还在下面移动，所以，它不会再落回你的手中，而是会落在坐后面几排的某位先生头上。

——怎么可能！如果我把球直直地抛上去，它就会直直地落回我手中。不过，如果没法把球直直地抛上去……那么，这就是另一个问题了。

——即使火车在移动，球也能在空中垂直地运动吗？

——当然啦，你试试看！

——那么，如果我从塔上扔下一块石头，即使地球在转动，这块石头也会落在塔脚边吗？

——啊……你说得对，我明白了。你赢了。

——那么你现在相信地球是在转动的了？

——唉，好吧！但目前为止你只是说服了我，即使地球在旋转，我们也看不到。不过也许你忘记了另一个小问题：这个世界上的所有东西都是静止的。只有当物体受到推力，或者像亚里士多德所说的，有某种力量驱动它时，它才会移动。你需要我举个例子吗？还是你已经明白了？

上坡与下坡

——我们首先来看看，确切地说，是看看你能不能听懂我的推理。我们假设有一个斜面，就像下方图中的斜面。如果想将一个球推上斜面，我就必须向它施加一个推力。上坡的过程中，球会滚得越来越慢，直到它最终停下来。在一个"上坡"的平面上，物体会逐渐远离地心，所以它的速

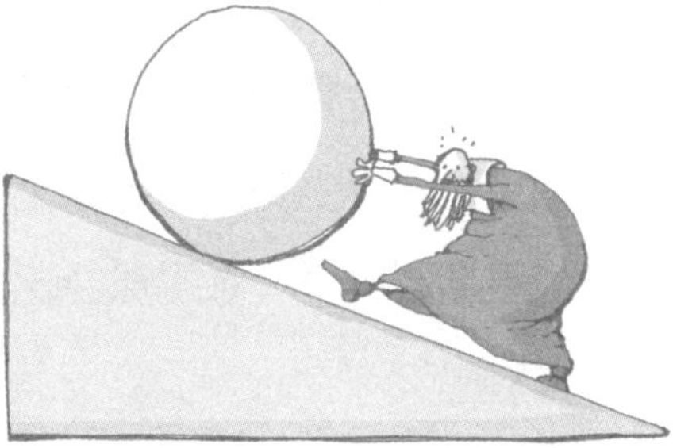

度会变慢。而在"下坡"的平面上，物体会逐渐靠近地心，速度会变快，对吗？

——是的。

——那么现在让我们换一个倾斜幅度较小的平面来重复这个实验。当我们向球施加同样的推力，球会上坡，速度也仍然会减小，但减速的程度比以前低，并且在同样的推力下，还会比之前走得更远。

——说得不错，但你想证明什么呢？

——如果我们再换一个倾斜幅度更小的平面，球会滚得更远。再换一个倾斜幅度更小的……依此类推。最后，我们可以想象一个完全不倾斜的平面，也就是说，这个平面完全与地表平行。如果这个平面既不是上坡也不是下坡，那么球就既不会减速也不会加速，所以它永远不会改变速度，也不会停下来。

——你错了。如果我踢一脚球，球在平坦的道路上滚动，既不上坡也不下坡，但你也可以肯定，它迟早会停下来。

——的确。但是如果你去沙滩上重复这个实验，踢同样的球，你的球会比之前在路上滚的距离更短，对吗？

——是的，沙子太软了，全都是坑坑洼洼的，球根本就滚不远。

——非常好。那你现在拿起球，去结冰的湖面上玩。把球放下，用和之前一样的方法踢，它能滚多远？

——我从来没有尝试过在冰面上踢球，但我觉得，它应该会比在路上滚得更远。冰面非常光滑，球几乎碰不到任何障碍物……

——那么，假如平面是完全平坦和完全光滑的，而且——我差点忘了——也没有空气来阻挡你的球，球又怎么会停下来呢？

——我想你是对的，它没有任何理由停下来，但是……哪里能找到一个连空气都没有的地方呢？

——那么哪里又能找到一个完全平坦并且完全光滑的平面呢？在进行实验时，你必须知道，也许你永远也无法得到自己想要的条件，这正是因为，在这个地球上没有任何事物是完美的，另外，我们也无法消除空气。不过，在你的头脑中，你可以想象一切障碍都已消除，想象假如没有这些干扰，事物将会发生怎样的变化。

——你说服我了。你已经成功向我证明，即使地球发生旋转，也不会产生任何问题。实际上，我们是和地球一起旋转的，因此没能注意到地球的运动。你还让我相信，要让地球持续转动，并不需要有什么力来推动它，只要没有任何外力束缚它，它将始终围绕着它的中心不断进行匀速圆周运动。然而，这还不足以证明地球一定在旋转。难道说，我们就没有一个证据，没有任何东西能够确切地证明地球在旋转吗？

——我认为潮汐现象可以这样解释：地球自转和公转的双重运动产生了一个加速度，推动了海洋中的海水，由此产生潮汐现象。

——亲爱的伽利略，你说的这个我可不信。假如真像你说的那样，那为什么只有海水能够感受到这种加速度，而空气和地球上其他所有东西都不行？要是我们也能感受到这种加速度，那我们就也可以意识到自己在旋转了！

事实上，伽利略关于潮汐的理论被证明是完全错误的。

伽利略在他 1632 年出版的《关于托勒密和哥白尼两大世界体系的对话》一书中解释了这些观点。

从这本书的书名*我们就能够看出，在 1632 年，人们认识世界的体系并非只有两种。可是，伽利略却对第谷的观点不屑一顾。也许他并不喜欢第谷？哎，谁知道呢！伽利略那本流传下来的书《关于托勒密和哥白尼两大世界体系的对话》内容其实是三位学者之间的对话，其中一位学者名叫辛普利西奥，他是亚里士多德理论的支持者，也或多或少地提出了你刚才的那些问题，并从另外两位学者那里得到了差不多的答案。

惯性原理

你与伽利略讨论的那些推理同样流传了下来，汇集成了一个被称作"惯性原理"的术语。

---

* 书名原文中为"两种最伟大的世界体系"，言下之意是还有其他世界体系。——译者注

　　惯性原理是伽利略最重要的科学成就之一，它指出：假如一个物体做匀速运动，那么除非它遇到障碍物或是受到一个能改变其速度的推力，否则它就将继续这么运动下去。

　　这个想法并不简单。按照伽利略的说法，物体的自然状态不再是亚里士多德认为的，或者像我们理所当然地想到的静止状态：匀速运动也是物体的一种自然状态。所谓"自然"，就是指物体不需要持续的推力来维持运动。只要物体处于运动状态，它就会一直保持下去，始终以相同的速度运动，不需要另外施加推力。在伽利略看来，匀速运动就是速度不变的圆周运动。行星必须有圆形的轨道和恒定的速度，否则它们运动速度的变化就必须另寻解释，比如存在某种推力，或者像开普勒说过的那样，存在某种类似于磁吸力的引力。

伽利略认为，自然界不可能受到所谓吸引或共情的影响，他认为这些概念太过人性化，无法适用于物质。此外，他还认为，开普勒提出的定律也是无效的——如果惯性原理正确，那么轨道就必须是正圆形的，且行星的速度必须是恒定的。

相对性原理

在《关于托勒密和哥白尼两大世界体系的对话》中，伽利略还提出了另一个非常重要的原理：相对性原理。根据这一原理，如果你本身就处在系统中，就没有办法确定这个系统究竟是静止的还是匀速运动的。

在伽利略举的例子中，如果你站在一艘匀速行驶的轮船上，你就会发现事实似乎的确如相对性原理所言：只要不看外面，你就可以认为自己是完全静止的。甲板下面的任何事物都无法让你看出自己是否在移动。

审判与定罪

虽然《关于托勒密和哥白尼两大世界体系的对话》这本书是伽利略特地献给教宗乌尔班八世的，但是它在教会界收获的评价却非常糟糕。当时，哥白尼的理论已被教会宣判为有罪，而这本书虽然看上去像是在记录持有不同思想的学者之间的辩论，但实际上是在公开声称哥白尼的体系行之有效。

就这样，伽利略经历了整个人类历史上最著名也最具有争议的审判之一。最后，他仍然被定罪，为了保全性命，他不得不否认自己的想法：

"我，伽利略，是佛罗伦萨的文森佐·伽利略之子，今年 70 岁……我被判严重涉嫌异端邪说，也就是认为并相信太阳是宇宙的中心，并且不发生移动，而地球不是宇宙的中心且发生移动。因此……我怀着真心与信仰，公开放弃、诅咒并谴责我上述错误的思想和异端邪说……于 1633 年 6 月 22 日。"

《关于托勒密和哥白尼两大世界体系的对话》的书稿被焚毁，伽利略也被迫在软禁中度过余生。但是他仍然继续坚持研究，1638年，《关于两门新科学的对话》出版，这可能是伽利略最具重要意义的科学著作了。

这部著作记录了伽利略对材料阻力以及投掷物的研究结果，但它其实还涉及更加广泛的主题。

如何落下？

——伽利略，为什么物体总是落向地心？

——哎，谁知道呢！

——你觉得这听起来是个不错的答案吗？

——我可以给出的最好的答案就是——我不知道，我也不想知道。

——你真的确定是你不想知道吗？

——什么意思？难道在你的时代这个问题已经解决了？

——那当然，物体坠落是因为存在重力。

——重力，重力……在我们那个时代，大家也是这么说的！重力的意思就是"重"。那么你的意思就是"物体坠落是因为它们很重"，但在我看来，这句话毫无意义。我只是想知道事物的本质："这是什么原理，还是有什么力量在使得石头总是向下坠落。"

——所以呢？

——所以人们可以研究物体"如何"坠落，而不是"为何"坠落。我从小时候起就对物体的运动感兴趣了，即便如此，我仍然有许多问题没能解决，而到了晚年，我却被判处只能保持沉默。不过这样一来，我就有了很多时间，我将过去的研究拼凑起来，得出了新的结果，极其有趣。

——你研究了什么运动呢？

——匀加速运动。

——什么？

——也就是速度以恒定方式变化，例如以恒定方式增加的运动。

——也就是 14 世纪默顿学院的学者们所研究的运动？

——是的，不过在我看来，他们对这个问题的研究过于肤浅了。首先要意识到，一个自由坠落的物体的速度总是不断增加的，意识到这点是相当重要的。

——好吧，物体最初是静止的，坠落时速度变得越来越快……这对我来说并不是很难。

——但我年轻的时候曾认为，在最初的"调整"期过后，物体会达到某一稳定速度，然后一直保持到结束为止。

——那后来你是怎么发现事实并非如此的呢？

慢速镜头下的动作

——物体坠落时的速度非常快，因此很难研究它们的运动。所以我想，如果我能够放慢这个运动，那么有些东西就会变得更容易理解。于是我有了个好主意：我取来一个斜面，开始在上面滚球，同时

测量它们在一定时间内移动了多少距离。球在斜面上的运动与自由落体时的运动相同，但是速度更慢，所以更加容易测量。

——你是如何测量时间的呢？

——在我的时代还没有像你们那么精确的时钟，但我曾经研究过音乐，所以我可以在脑海中把时间划分为相等的间隔。我把 8 根拉紧的线系在斜面上，每当球经过它们时就会发出声音，接着我移动线的位置，直到我听到的 8 个音刚好是我想要的节奏，也就是刚好过了 8 段相等的时间。这时候，我只需要测量几根线之间的距离，就能够得到球在相等时间间隔内滚过的距离了。

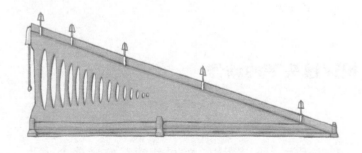

——这个实验我也能做！

——当然，而且对你来说会更加容易些。先找来一只秒表（或者可以读秒的钟表）。在斜面的顶部画一条线，让球在线的位置自己滚下来。1秒后，在球的位置上做个标记。然后再从之前的线开始，在2秒后标出球的位置，接着再在3秒后标记球的位置……依此类推。最后你会得到什么？

——我怎么知道呢？

——第一段距离（从球开始滚落的线到第一处标记）有一定长度，第二段距离（第一处与第二处标记之间）的长度是第一段距离的3倍，第三段距离会是第一段距离的5倍，第四段距离则会是7倍。

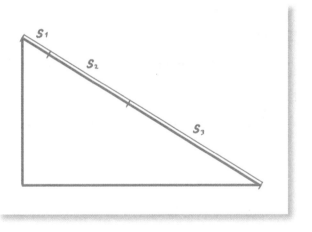

——毕达哥拉斯学派曾说过，奇数会带来好运！但我的实验结果真的会得到这么准确的结果吗？

——准确的结果就算了吧，就连我的实验也没能得到准确的结果。首先，你必须有完美的球与斜面，表面必须绝对光滑，此外还不能有空气，你还要毫无误差地测量出时间与距离。如果你只需要得到近似的结果，那么你还可以尝试下这个实验，否则就别管他，直接相信我吧。不过，时间间隔相等，球滚过的距离也在增加，所以可以肯定，球的速度在每个时间间隔内也会增加。

——好吧，那么然后呢？

——我做这些测量是为了验证我年轻时用几何学方法证明的一个定理，根据该定理，如果物体的速度以恒定方式增加，那么它走过的距离就会和所用时间的平方成正比。

——或许你能用稍微简单些的方式给我解释一下吗？

——那是当然。我们可以将它写成数学方程：

$$\frac{s_2}{s_1} = \left(\frac{t_2}{t_1}\right)^2$$

——太好了，现在看起来更复杂了。

猫与方程

——你得学会如何看数学方程，看方程就像看一幅画一样。你看到这只猫了吗？给我描述一下吧。

——它是黑色的，眼睛瞪得很大，毛竖得直直的，尾巴还盘成卷……

——还有呢？

——还有两只耳朵、四条腿，它的舌头伸了出来，站得直直的……我还要说些别的吗？

——这样就够了。如果不把这只猫画出来，你就得说很多话来向我描述关于这只猫的情况，而画出来的东西总是能够让人一目了然，不必浪费时间去解释。如果你学会如何去看数学方程，就会发现它们也是如此：无须解释就能让人理解一切。

——那你教教我怎么看数学方程吧。

除法，还有这个未知数

——我所写的方程是在告诉你，球滚过的两段距离（s_2 和 s_1）的比值等于各自对应时间（t_2 和 t_1）的比值的平方。与此同时，我们需要理解什么是比值。用 s_2 除以 s_1 也就是计算 s_2 是 s_1 的多少倍。正如你所知道的，除法也可以写成分数形式，就像我在方程中写的那样，另外，除法也可以被称为"比值"；它们都是同一件事的不同表达方式。

——我不明白为什么用 s_2 除以 s_1 就在计算 s_2 是 s_1 的多少倍？

——假设有 10 颗糖和 2 位小朋友。那么每位小朋友可以分得多少颗糖呢？

——很简单。10÷2=5 颗糖。

——完美。那么糖果的数量是小朋友们的数量的多少倍呢？此处你也同样要用到除法 10：2（你也可以写成 10/2）。所以糖果的数量是小朋友的 5 倍，这就是为什么每位小朋友可以分到 5 颗糖果。

——我大概开始明白了。

——好的，那我们现在假设 $\dfrac{s_2}{s_1}$ =4，现在我们

来看看 s_2 和 s_1 分别需要等于多少才能让它们的比值恰好为 4 吧。我们可以选择:

$$s_2 = 4; \qquad s_1 = 1; \qquad \frac{s_2}{s_1} = \frac{4}{1} = 4$$

$$s_2 = 8; \qquad s_1 = 2; \qquad \frac{s_2}{s_1} = \frac{8}{2} = 4$$

$$s_2 = 16; \qquad s_1 = 4; \qquad \frac{s_2}{s_1} = \frac{16}{4} = 4$$

我们还可以选择许多其他数字，但它们的比值总是要等于 4，所以只有当 $\frac{s_2}{s_1} = 4$ 才可以，也就是说 s_2 是 s_1 的 4 倍。

——你说得对。但是如果 $\frac{s_2}{s_1} = 4$，那么就会出现以下的情况:

$$\left(\frac{t_2}{t_1}\right)^2 = 4 \text{ , 因为 } \frac{s_2}{s_1} = \left(\frac{t_2}{t_1}\right)^2$$

——当然，比如我们假设 $t_2 = 2$, $t_1 = 1$, 那么就会有:

$$\left(\frac{t_2}{t_1}\right)^2 = \left(\frac{2}{1}\right)^2 = \frac{4}{1} = 4$$

——到目前为止我差不多能明白，但我不知道这和沿斜面滚下的球在相同时间间隔内滚过的距离呈奇数增长的事实有什么关系?

——现在请你看看这幅图，听听我的推理。

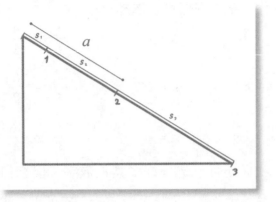

我们以秒为单位计算时间，假设从球开始滚落的1秒后，通过距离s_1到达点1的位置，2秒后它将到达点2的位置。我们知道，点1和点2之间的距离（s_2）是s_1的3倍。所以我们可以写成$s_2=3s_1$。我们将球从一开始滚过的距离长度称作a，从图中我们很容易看出：$a=s_1+s_2=s_1+3s_1=4s_1$。球滚动 到点1的距离需要多长时间呢？我们知道：1秒。球滚过a的距离需要多长时间？ 2秒。球花了1秒到达点1的位置，又花了1秒从点1滚动到点2。现在我们来计算一下：

$$\frac{a}{s_1} = \frac{4s_1}{s_1} = 4$$

$$\left(\frac{t_2}{t_1}\right)^2 = \left(\frac{2}{1}\right)^2 = \frac{4}{1} = 4$$

在这里，球滚过距离的比值等于滚过这些距离所需时间比值的平方。这句话很长，但如果你学会了如何看数学方程，你就会立即明白我的意思：

$$\frac{s_2}{s_1} = \left(\frac{t_2}{t_1}\right)^2$$

这条数学定律非常重要，因为如果你知道球在一定时间内滚过的距离（只要你知道它滚过的总距离的长度和它所花费的总时间），你就可以通过这个方程算出球在每个瞬间的位置，无论它是沿斜面滚落，还是自由坠落。

——太好了！

全速前进

——但我还没说完呢。如果运动方程（也就是我刚才写的方程）的确有效，那么在这种类型的运动中，速度的增加也是与时间成正比的。现在你已经会看数学方程了，我再来给你写一个方程：

$$\frac{v_2}{v_1} = \frac{t_2}{t_1}$$

——也就是说，如果 1 秒后球有一定速度，那么 2 秒后它就会有 2 倍的速度，3 秒后会有 3 倍的速度？

——非常好。如果时间增加 1 倍（从 1 秒到 2 秒），球的速度也会增加 1 倍，如果时间增加 2 倍（从 1 秒到 3 秒），速度也会变成 3 倍，这实际上就是：

$$v_2 = \frac{t_2}{t_1} \times v_1$$

$$t_2 = 2 \qquad v_2 = \frac{t_2}{t_1} \times v_1 \qquad v_2 = \frac{2}{1} \times v_1 = 2v_1$$

$$t_2 = 3 \qquad v_2 = \frac{t_2}{t_1} \times v_1 \qquad v_2 = \frac{3}{1} \times v_1 = 3v_1$$

——这个定律在我看来非常有用，这样我们就能够知道球的速度了。不过我不明白它和之前的定律有什么关系。

——我得出这些结论其实真的非常不容易，原因有几个：首先，在我的时代还没有关于速度的简单且有效的定义。你能在学校的课本上找到它，而我只能将时间与空间进行比较。另外，我当时也没有掌握数学知识，无法对不断变化的数量进行计算，而实验过

程中的一切都在发生变化，时间在流逝，球的速度和它滚过的距离也都在增加。

即便如此，我还是想回答这个问题：空间和速度究竟是如何随着时间的变化而增加的？于是，通过一个不太精确的实验，我终于成功了：匀加速运动中存在着这些……

运动定律

1. 运动速度与运动所需时间成比例增加。
2. 运动距离与运动所需时间的平方成正比。

如果你能够恰当运用在我之后的科学家们所开发的那些数学知识，就可以很好地理解两条定律之间的关系。不过别担心，你很快就会理解它们的，你也可以读一读第286页的附录。

——理解这两条定律真的

很重要吗？

——当然，它们既能增进我们的知识，也能够帮助我们计算生活中需要的数量。例如我关于重物运动的定律，只要结合我的惯性原理就可以计算出弹丸的轨迹，这些内容都能在我的书中找到。

——伽利略，你真厉害！

硬币与手帕

——现在，我必须告诉你一个重要的事实：物体下落的速度并不取决于它的重量。一个物体，无论重量如何，它总是会以同样的速度坠落。

——这不可能！如果你把一块手帕和一枚硬币同时从比萨斜塔上落下来，它们是不可能同时落地的。

——确实如此，但是你并没有排除空气的干扰。空气对手帕的制动作用要大于对硬币的。假如比萨斜塔处在真空之中，那么手帕就会和硬币同时落地。

——那我永远也无法验证你说的话，因为我不知道哪里才能找到没有空气的地方。

——手帕的重量比硬币小，所以它下落得更慢，落地也更晚，对吗？

——我认为是的。

——那么我们把手帕绑在硬币上，让它们一起下落。现在，较重的硬币会试图把手帕"向下拉"，而较轻的手帕则倾向于减缓硬币坠落的速度。

——对，所以手帕和硬币绑在一起时会比手帕单独下落的速度更快，因为硬币会让手帕加速坠落，而手帕和硬币一起又要比单独的硬币下落更慢，因为手帕会让硬币下落的速度变缓。

——确实，但是手帕和硬币加在一起的重量难道不是比手帕和硬币都重吗？

——那当然啦，所以呢？

——那么，既然它们绑在一起时重量更大，那么不应该比它们分开坠落时速度更快吗？

——伽利略，为什么你总是要问这么奇怪的问题？

——解决这个悖论的唯一方法就是，必须相信所有物体在真空中坠落的速度完全相同。这点你也可以通过我们之前写过的方程来理解。在运动定律中，只出现了距离、时间和速度这几种未知量，物体的重量并没有出现。随着不断深入学习，你会越来越明白的。

1637 年底，伽利略在写给一位朋友的信中说道："我用我绝妙的观察和清晰的演示将宇宙和世界放大了成百上千倍，超越了过去所有世纪的智者们平时所看到的图景，现在对我来说，宇宙和世界都是如此之小，它们还没有我的身体大。"

当时，伽利略已经非常年老，他的眼睛已经几乎完全失明，1642 年 1 月 8 日，伽利略永远地闭上了双眼。不久后，有一个名叫艾萨克·牛顿的人在遥远的英国小镇伍尔索普出生了。

宇宙的机器

让我们回到几十年前：1610 年，伽利略离开家乡来到了法国拉弗莱什的大学城，年轻的勒内·笛卡儿正在那里学习。

1596 年，笛卡儿出生在一个名为拉·海伊的小镇。他坚信，宇宙是一台"机器"，可以通过数学来研究和描述。

笛卡儿将这一思想发挥到了极致。通过区分思想和物质，也就是他称作思维物和广延物的两样东西，他将有关灵魂的问题与有关物质的问题区分开来，并认为后者只能够用广延（形状与大小）和运动的概念来解释。

在笛卡儿的宇宙中，真空是不存在的，所以每个点上的任何运动都会产生一个运动，并在整个宇宙中传播。就像你在装满牛奶的早餐杯中搅动茶匙，杯中会产生一个漩涡，拖动整个杯中的牛奶，而不仅仅是茶匙直接接触到的牛奶。

笛卡儿所说的物质是没有灵魂的，它们完全没有动力，本身不能做任何运动。只有上帝能够在宇宙的开端赋予物体某种运动，由于惯性原理，物体运动将会保持不变。

新惯性原理

不过，笛卡儿的新惯性原理和伽利略的惯性原理并不一样。

——能够维持下去的匀速运动是直线型的，而

不是圆形的。如果你家中还
留着唱片机的话，请借我用
一下。我们先在唱片上放一
个球，然后播放唱片。球是
在唱片上旋转，还是飞走
了？

——球飞走了，笛卡儿。

——那么当球离开旋转的唱片时，它的轨迹是
怎样的？

——这很难说。

——那么你也可以拿个桶来，装上一些水，然
后提起桶快速转圈（你小时候在沙滩上应该这么玩
过很多次吧），桶中的水并不会飞溅出来，这又是
为什么？

——因为有离心力，水本
来是想要飞出去的，但是桶底
挡住了它，导致水没能飞出去。

——其实不是的，水并不
是想要"飞出去"，它只是想
直走，但是桶底持续旋转阻止了它的运动，也就是
说违背了水的自然运动。

——我怎么知道水是想"直走"而不是"飞出去"？

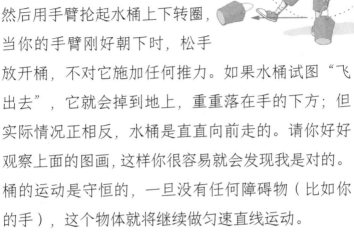

——你可以先把水桶倒空，然后用手臂抡起水桶上下转圈，当你的手臂刚好朝下时，松手放开桶，不对它施加任何推力。如果水桶试图"飞出去"，它就会掉到地上，重重落在手的下方；但实际情况正相反，水桶是直直向前走的。请你好好观察上面的图画，这样你很容易就会发现我是对的。桶的运动是守恒的，一旦没有任何障碍物（比如你的手），这个物体就将继续做匀速直线运动。

——如果你说的没错，那么我们的地球就不会围绕太阳旋转，而会永远直行，除非像开普勒说的那样，太阳有某种力量吸引着地球，将它留在自己身边。

——我再重复一遍，吸引和共情在物质的宇宙中是没有意义的，伽利略也曾论证过这点。地球和其他行星不会远离太阳，是因为有一个旋涡禁锢着它们，迫使它们不断转动，而不是"沿着切线飞出去"（就像在水桶底部那样）。

——那你能跟伽利略共情吗？

光学幻像

——必须承认，他的研究与观察对我们的许多研究都具有重要意义。例如，通过那台望远镜，伽利略提出了一个相当关键的问题：我们怎样才能看到放大的图像？我们需要将镜片成像的自然原理找出来，否则任何无知的人都可以来告诉我们，伽利略只是光学幻像的受害者。另外，我们尤其需要仔细研究光学现象，因为它们看起来都有些不可思议。如果我们能证明这些现象可以重现，并且掌握了它们的规律，就可以证明魔法并不存在，一切都可以得到解释。

——你所说的光学现象有哪些呢？

——拿一只玻璃杯来，往里面装满水，接着再将一把小刀放进去。把刀尖提高一点，然后再把玻璃杯拿到与你眼睛平齐的高度，就像图中这样，看看会发生什么。

——小刀断成了两半！

——在你看来，这是真实发生的还是光学幻像呢？

——显然是一种光学幻像，这把刀并没有真正断成两半。

——的确，但这种现象必须得到研究和解释。如果一道光照亮了一个透明的物体，那么光的一部分会被反射，还有一部分会被折射。

——"折射"是什么意思？

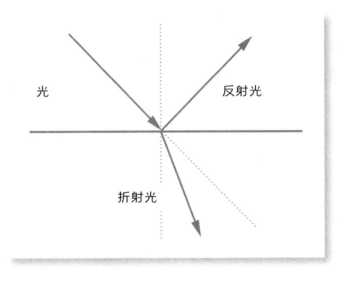

光　　　　　　反射光

折射光

——也就是说这道光还在继续它的旅程，但是改变了方向。光总是沿着直线传播，但是当它穿过透明介质时，光就会在空气与水（小刀实验中的透明介质）的交界处发生"断裂"，稍微改变方向。光角度的改变就是小刀"断裂"的原因。并不是小刀真正发生了断裂，而是光发生了"断裂"。

——你说的对，但是我看到的不是光，而是那把根本没有被折断的小刀。

——那么你是怎么看到这把刀的呢？实际的情况是，光从小刀出发，到达你的眼睛，然后眼睛"接收"它们，并将它们发送到你的大脑，大脑再"理解"你面前的东西。如果你透过水来看这把小刀，光改变了方向，并且发生了"断裂"，你就会看到折断的小刀。这样的情况只有在光从某种密度的介质（如空气）进入另一种密度的介质（如水或玻璃）时才会发生。光折射的角度取决于两种介质密度的比值。

——这是你发现的吗？

——嗯……这一载入史册的物理定律叫作"斯涅尔定律"。当光从一种介质进入另一种不同密度的介质时会发生折射。荷兰人维勒布罗德·斯涅尔（1615—1670）发现了介质与折射角度之间的关系。但是，他的研究比我的研究发表时间更晚，所以一开始人们以为是我发现了这个定律。

彩虹的所有颜色

——你在光学领域还有什么其他发现吗？

——我向世人证明了，光学定律能够解释颜色的问题。

. ——啊？颜色能有什么问题？

——你有没有想过，为什么一个东西看起来是红色的，而另一个东西看起来是黄色的？

——因为我的自行车刷的是红色的油漆，而我房间的墙壁刷的是黄色的油漆。

——那么又是谁赋予了这些油漆颜色呢？

——例如在古代,人们会使用植物制成的粉末……

——没错,但是"为什么"一朵花会是红色的呢？红色是什么？是花本身的一种属性吗？

——那当然，红色是花的属性，它取决于花的类型，也有黄色的花，白色的花……

——如果在一个漆黑的房间里，这朵花看上去还是红色的吗？

——不是的。如果有一丝光

亮让你能看到些东西，你就会发现花的颜色变得很暗，几乎变成了黑色，但那只是因为没有光，所以看不清楚而已。

——啊，所以没有光就没有颜色吗？难道颜色不能是光的属性，而非要是物体的属性吗？想想彩虹吧：变成彩色条纹状难道是空气的属性吗？还是说，是光在穿过潮湿空气时呈现出了那些奇妙的颜色？

——我从来没有想过这个问题……

——你知道吗，如果你拿着一个玻璃棱镜，像图中那样将它对着光，光线就会从棱镜的反面射出，像打开一面扇子似的，显现出彩虹的所有颜色。

——这真是魔法啊。

——不，这种现象是可以被复制和解释的。"棱镜使传输光的微小物质的旋转速度发生了变化。非常容易旋转的部分变成了红色，比较容易旋转的部分变成了黄色，其他颜色依此类推。"

虽然这种关于颜色的解释并未获得成功，但笛

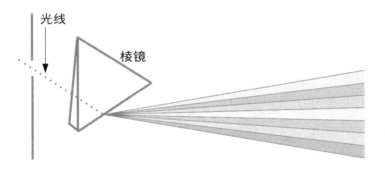

卡儿的确是第一个在光学定律中为不同颜色的存在寻求解释的人，值得我们称赞。

几何学家的革命

笛卡儿还为研究几何学的新方法奠定了基础，这种方法在历史上被称作"笛卡儿几何学"或"解析几何学"。

这种方法是简化和解决许多问题的基础。

方法的雏形是笛卡儿先提出的，在接下来几年里又得到了发展。这种方法就是用代数形式来描绘

几何图形，然后再像解方程那样来解决几何问题。

——笛卡儿，我感觉这似乎非常复杂……

——这其实很简单也很直观，我现在就演示给你看。我们先画两条垂直的线，水平线我们称为 x 轴，垂直线我们称为 y 轴。我们选择这两条线的交点作为开始计数的点，在这里写上 0。

现在，我们在直线上标记上连续的点：1, 2, 3, ……

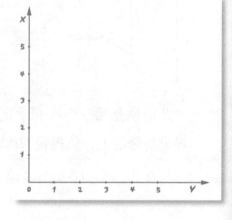

我们以这个等式为例：$y = 2 \times x + 1$

我们选定一些 x 值，并计算出相应的 y 值。

$x = 0$	$y = 2 \times 0 + 1$	$y = 0 + 1$	$y = 1$
$x = 1$	$y = 2 \times 1 + 1$	$y = 2 + 1$	$y = 3$
$x = 2$	$y = 2 \times 2 + 1$	$y = 4 + 1$	$y = 5$

现在我们有了 3 组数字：

如果 $x = 0$ 那么 $y = 1$

如果 $x = 1$ 那么 $y = 3$

如果 $x = 2$ 那么 $y = 5$

现在我们可以在图中将这些数对标出来。

看吧，这些点都排成了一条线……如果我们把

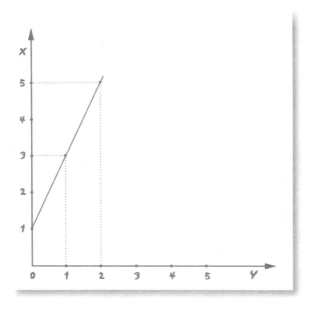

它们都连起来，就形成了一条直线……所以我们之前所写的方程描述的是一条直线。

我们还可以选定其他的 x 值，像之前那样将它们代入方程，然后找到对应的 y 值：

如果 $x = 3$ 那么 $y = 2 \times 3 + 1$ 所以 $y = 7$

如果 $x = 4$ 那么 $y = 2 \times 4 + 1$ 所以 $y = 9$

如果 $x = 5$ 那么 $y = 2 \times 5 + 1$ 所以 $y = 11$

由此画出点:

$$x = 3 \qquad y = 7$$
$$x = 4 \qquad y = 9$$
$$x = 5 \qquad y = 11$$

现在我们尝试画出另一个等式:

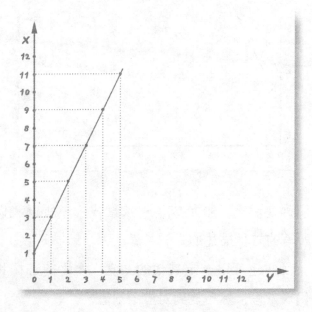

$y = 3 \times x + 1$

我们还是选定一些 x 值并计算出相应的 y 值。

如果 $x = 0$　那么 $3 \times 0 + 1 = y = 1$

如果 $x = 1$　那么 $3 \times 1 + 1 = y = 4$

如果 $x = 2$　那么 $3 \times 2 + 1 = y = 7$

然后我们就会得到 3 组数字：

$$x = 0 \qquad y = 1$$
$$x = 1 \qquad y = 4$$
$$x = 2 \qquad y = 7$$

将它们标在之前的数轴图中，然后用虚线将各个点连接起来（以区别于已经画好的图形）。

现在将两条线的图形进行对比：

1. 它们都是直线；

2. 两条线都从 y 轴的同一点出发，并且恰好都是 $y=1$；

3. x 乘以 3 的直线比 x 乘以 2 的直线斜率更大（更加接近于垂直）。

那么我们可以认为，所有直线都可以用同一种

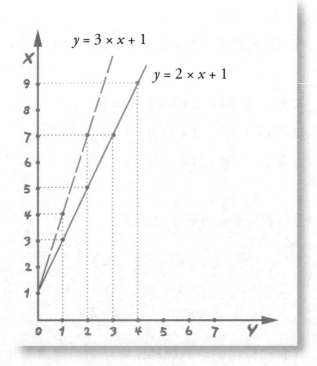

类型的方程来表示：

$$y = a \times x + b$$

其中 a 和 b 代表数字，每条直线的数字都可以是不同的。数字 a 能够告诉我们这条直线的倾斜程度，而数字 b 则表示直线和 y 轴的交点。

——它真的能够表示所有直线吗？

——当然！请你试着将任意数字放在 a 和 b 的位置上，看看会发生什么。例如，你可以尝试：$a=1$

和 $b=0$。

等式就会变成：$y = 1 \times x + 0$，也就是 $y = x$。

计算这条线上的点：

$$x = 1 \qquad\qquad y = 1$$
$$x = 2 \qquad\qquad y = 2$$

依此类推⋯⋯

这条直线刚好将 x 轴和 y 轴之间的夹角切成两半。

通过继续改变 a 和 b 的值，你可以画出任何一条你想画出的直线。你可以在第277页看到一些例子，甚至还可以自己创造出新的直线。

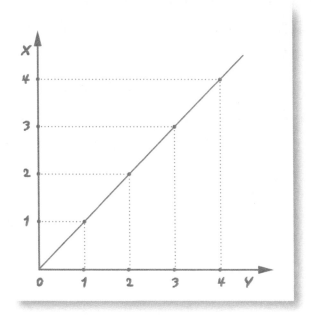

笛卡儿的方法的优点在于，只要知道直线上的两个点，计算直线的方程就变得非常容易（因为有且只有一条直线会通过两点）。你可以在第 277 页读到详细的解释，也可以自己试着创造出一条特定斜率的直线，以及各种具有不同特质的直线。

这种方法也可以应用于很多种曲线（如圆、抛物线、椭圆和其他圆锥曲线），每条曲线都有各自的方程来描述。曲线的方程比直线更加复杂，但概念也像你之前看到的那些一样简单。

笛卡儿于 1650 年去世，将他的机械论哲学留给了世人，当时的科学家是这样定义这种哲学的：世界就像一台机器，物质的形态和运动能够解释每一种现象。

后来，笛卡儿学派还将继续深化这位大师的思想。笛卡儿的一位学生，荷兰人克里斯蒂安•惠更斯（1629—1695）还取得了非常重要的研究成果。

波浪涌动……

——惠更斯教授，你真的提出了关于光属性的新理论吗？

——没错。光实际上是传播中的波。与声音的属性完全一样。

——波？就像海里的波浪那样吗？

——若要理解什么是波，可以端一个装满水的盆来，把你的手指放进去，然后轻轻晃动，此时的水面上就会形成波浪，从中心——从你的手指开始——逐渐传播到盆的边缘，然后撞击盆壁再返回。

接着再在盆中放一只漂浮的瓶塞，你会看到，当波浪经过它时，瓶塞会垂直上浮，却不会在水平方向上移动。波浪从你的手指移动到盆的边缘，但是并没有将途中遇到的物体带走。波浪过去后，瓶塞也

没有更靠近盆的边缘，尽管波浪已经朝着靠近盆边缘的方向移动了。

——的确如此！

——声波也是这样。如果你敲打一面鼓，鼓膜振动并产生波，波在空气中传播，到达你的耳膜，使它振动，这些振动再通过神经到达你的大脑，你就会听到声音。光波也会传播，直到它们到达你的眼睛，视网膜将它们传送到你的大脑，然后你才能"看见"。另外，和其他的波一样，光波也不携带物质（否则它沿途遇到的大量灰尘都会进入你的眼睛），但传播得非常快，比声波要快得多。

——你怎么知道光的速度比声音更快呢？

——想想雷阵雨就知道了：每隔一段时间，天空就会被几道明亮的闪电照亮，过了一会儿，我们就会听到雷声。但在听到雷声之前，我们就已经看到闪电的光了。

——你说得对，所以光波的传播速度比声波更快。

——但是波的传播还有一个重要的特点：当两个波相遇时，它们的振幅会叠加。这就是所谓"干涉"。请看下图 A，当波 1 和波 2 相遇时，它们形成的波（波1+2）就是单个波振幅的 2 倍。但如果 2 个波恰好相反，也就是说，如果一个波在另一个波呈现谷值的地方呈现出峰值（如下图 B 所示），那么这两个波就会相互抵消。

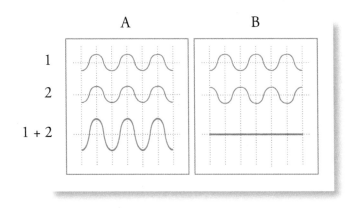

我们还是端来一个装满水的盆，把两个手指同时放在水中发出波浪，观察波浪在它们相遇的地方如何发生干涉吧。

实际上，类似的干涉现象也出现在许多光学实验中，按照惠更斯的说法，这就是对光波动属性的有力证明。让我们看看后世的科学家们是如何看待这个问题的。

4. 从苹果到月球

在上一章中我们提到，有位名叫艾萨克·牛顿的科学家诞生了，现在让我们看看，他长大成人后都做了些什么。1661 年，牛顿进入英国剑桥的三一学院学习，他博览群书，几乎阅读了能够找到的一切书籍，其中就包括笛卡儿的《几何学》，还有开普勒和伽利略的著作。1665 年，英国暴发了一场瘟疫，牛顿只得逃离人口聚集的城市，去乡下躲避灾害。两年时间里，他仍然坚持学习和思考，不断写作和推理，进行想象、探索和创造……

危险的瘟疫平息后，牛顿将自己的所有手稿用纸包好，放进工作包中，回到了他位于剑桥的居室。他在剑桥的居室与其说是一间书房，不如说是一间实验室。在这里，他重新打开工作包，拿出了光学研究的手稿。

——牛顿教授，我先前不知道您居然也研究光学。

——我对笛卡儿的理论有些怀疑，所以我决定亲自验证。

——他的理论具体有哪些部分让您怀疑呢？

——笛卡儿曾解释说，光是白色的，但光束射向物体或透过棱镜时，光束中最靠外层的光粒子就会发生旋转，从而改变颜色。每种颜色对应的其实是光粒子不同的旋转速度。笛卡儿认为颜色取决于光粒子的旋转速度，假如光粒子停止旋转，光束又会重新变回白色，这一点令我怀疑。

——那您是怎么想的？

——我认为，白光由不同颜色的光线组成，当这些光线聚集在一起时，就会呈现出白色，而当它们分开时，又会呈现出各自的颜色。

——您如何证明呢？

——我可以通过这个实验来证明：如果我让光束通过一块棱镜，就会看到它透出彩虹般各种颜色的光线，和笛卡儿之前做的实验一样，到此为止，并没有什么新的内容。

现在，我们在这块棱镜后方放上几面能够将光线汇聚成点的透镜。如果汇聚成的光点呈现白色，那么就说明我是对的——棱镜将不同颜色的光线分开了，当我们将这些光线汇聚在一起时，它们就会变成白色。反之，如果光点呈现彩色，那就说明，棱镜可以改变光束中某些粒子的旋转速度。

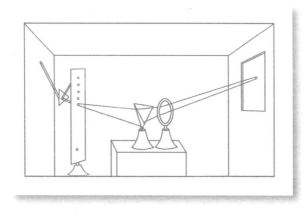

——那实验的结果如何呢？

——很显然，光点是白色的。

——我还是不太相信……

——你可以亲自做一个实验，这样你就相信了。取一张纸，将它裁成圆盘，将圆盘分成7个扇面，分别涂上彩虹的颜色。接着在盘中央插上小棍，搓动小棍快速旋转，圆盘看上去是什么颜色？

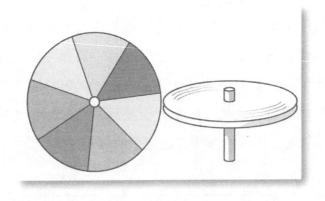

——啊，是白色的！那其他科学家是如何相信您的结论的？

——1672 年，我发表了实验，受到了不少批评。实验结果看似难以置信，但千真万确。惠更斯是当时在世的最重要的科学家，他曾说，人们必须首先确定光是由粒子还是由波组成的，因此，他对我的实验毫无兴趣。

——那您认为光是由粒子还是由波组成的呢？

——我认为光是由粒子组成的，这样假设是最简单的，如此才能解释光为何沿直线传播。另外，物体在墙上的影子是清晰分明的，假如光是由波组成的，那么人们就会观察到，影子边缘的光线会变暗，

因为波"碰撞"物体时会
发生干涉。

惠更斯和牛顿究竟谁
是对的？光到底是由波还
是由粒子组成的？谁知道呢！在牛顿的时代，人们无

法给出答案，即使到了后来，
要得出这个问题的答案也并
不容易。我们还需要继续等
待两个多世纪，再经历一场
科学革命，才能够对这个问
题有更加清晰的认识。

《自然哲学的数学原理》中的定律

1687 年，牛顿出版了他的科学著作《自然哲学
的数学原理》。这是 3 卷极难读懂的书，当时剑桥
大学的学生们都讽刺地说，这本书连作者自己都读
不明白。

这本书第一卷讨论的是物体在真空中的运动，
第二卷讨论的是物体在空气或水等有阻力的介质中

的运动，最后一卷讨论的则是世界体系的理论。

从开篇几页起，我们就会发现，若要描述宇宙，光有物质和运动是远远不够的，还必须加上力。牛顿给出了力的定义：

"力是施加在物体上，改变其静止或匀速直线运动状态的作用。"

再翻阅几页，你就会在第一本书中看到牛顿的力学三大定律。

第一定律	一切物体在没有受到外力作用时，总是保持静止或匀速直线运动状态。
第二定律	物体的加速度与物体所受的合外力成正比，加速度的方向与合外力的方向相同。
第三定律	作用力和反作用力总是在一条直线上，大小相等，方向相反。

这就是牛顿运动定律。

牛顿的这三句话在未来几个世纪成了全世界学生研究与遵循的物理定律。迟早有一天，也会有老师要求你将它们理解透彻，并学会运用它们来解答习题。

第一定律描述的是惯性定律，牛顿自称他是从伽利略那里"抄"过来的，不过惯性定律的完整表

述其实并不是由伽利略，而是
后来由笛卡儿给出的。

第二定律和第三定律则是
牛顿的创新，但也是牛顿基于
先前许多科学家的研究成果进
行推理并迸发灵感后得出的。
通过惯性定律，我们知道，即
使没有力的推动，物体的速度也可以大于 0。

那么，当我们向物体施加作用力时，物体会发
生什么变化呢？第二定律解答了这个问题：物体的
速度会发生改变。

施加作用力……

物体的速度是怎样发生改变的呢？我们继续阅
读牛顿的书就能得到答案，答案可以用下面的公式
进行概括：

$$F = m \times a$$

这个公式极其重要，我们一起来仔细看看它。

F 是物体所受的外力，m 是物体的质量，a 是物

体因为外力产生的加速度。

我们可以举个例子。首先想象一下，我们踩下汽车的油门，在 2 秒内保持不动。在这 2 秒内，我们汽车的速度从最初的时速 10 千米飙升到最终的时速 130 千米。这样我们就能知道速度的总变化。

$$\Delta v = 130 \text{ 千米/时} - 10 \text{ 千米/时} = 120 \text{ 千米/时}$$

我们引入了一个新符号 Δ（读作"德尔塔"），该符号用于定义某个量的变化，此处表示速度的变化。

$$\Delta v = v_{最终} - v_{初始} = 120 \text{ 千米/时}$$

初始速度的增加发生在 2 秒内。如果我们把加速度定义为一定时间内速度发生的变化，那么汽车的加速度就是：

$$\frac{\Delta v}{2 \text{秒}} = \frac{120 \text{ 千米/时}}{2 \text{秒}}$$

因为每小时是 3 600 秒，所以我们可以继续改写等式：

$$\frac{\Delta v}{2 \text{秒}} = \frac{120 \text{ 千米/时}}{2 \text{秒}} = \frac{120 \text{ 千米/} 3\,600 \text{秒}}{2 \text{秒}} = \frac{1}{60} \text{ 千米/秒}^2$$

也就是说，每秒之内，汽车的速度增加了 1/60 千米 / 秒。

我们来验算一下。

每秒内，汽车的速度增加了：

$$\frac{1}{60} \ \text{千米/秒} = 1 \ \text{千米/分} = 60 \ \text{千米/时}$$

结果正确：事实上，在 2 秒内，我们的速度增加了 120 千米 / 时：也就是每秒增加了 60 千米 / 时。

关于第二运动定律我们还没有说完，"……加速度的方向与合外力的方向相同"。后半部分并不难理解：如果我们向前推动一个物体，它自然是向前而不会向后运动。

很好，但是如果我们将物体拉向两个不同的方向，结果会怎样呢？牛顿的答案是："物体会沿着 A 力与 B 力形成的平行四边形的对角线（R）运动。"看看下页的图片就很容易理解了。

如果我们用同样大小的力分别向左边和右边拉动这个物体呢？那么物体仍然会在中间保持静止。

牛顿证明这些结论的过程中只用到了古典几何学，也就是他视为尊师的古希腊人发展出的几何学。

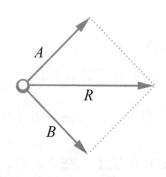

好了，现在我们已经明白，我们不能只说施加作用力的"大小是多少"，我们还要说明它作用的方向（沿着哪条直线，向直线的哪一端）。

每条直线都有两端，所以我们在分析图中必须使用箭头标明力的方向。例如在下图中，有一位小朋友在房顶的屋檐行走，知道他走了多远当然很重要，但也许更重要的是要知道他朝着哪个方向走（如果图中的小朋友要往右边走，就很危险了……）。

现在我们一起来看看牛顿第三定律，它可以被总结为"每个作用力都对应着一个大小相等、方向相反的反作用力"。

如果太阳对地球施加某种吸引力，那么地球也会对太阳施加大小相等的力。地球对太阳的反作用

相反

方向

力对太阳运动的影响微乎其微，而太阳对地球的吸引力却对地球运动有着决定性的影响，这是两个天体在质量上的巨大差别导致的。我们不要忘了，虽然两个物体之间相互作用力大小的确相等（牛顿第三定律），但是物体产生的加速度（物体运动的变化）与受力物体的质量成反比（牛顿第二定律）。

　　——所以是地球围绕太阳旋转，而不是太阳围绕地球旋转，对吗？

　　——并不是地球围绕太阳旋转，也不是太阳围绕地球旋转。

　　——您不会又创造出了另一种宇宙体系吧？

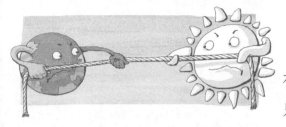

——我并没有创造什么，我只是发现了宇宙天体真实的运转方式而已。

——请您详细说说？

——我们将物体的质量定义为构成该物体的物质的多少。地球和太阳都围绕着地球-太阳系统的质量中心旋转。如果我们暂时假设其他行星都不存在，那么这句话就是正确的。

——地球-太阳系统的质量中心是什么？

——它是地球与太阳连线上的一个点。我们可以稍微简化一下，也就是说在这个点的左边和右边，物质的量相等。请看这幅图：

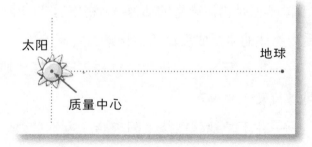

由于太阳的质量远大于地球，因此系统质量的中心位于太阳内部。太阳围绕这一点旋转，旋转的

幅度非常小。现在你明白了吗？

——您的解释似乎有道理，但您又是怎么想到的呢？

——很简单。如果物体之间相互吸引是因为它们具有质量，那么就像我所想的那样，所有具有质量的行星都会吸引太阳。不过，世界体系的中心，也就是世界质量的中心是保持静止的，所有天体都在围绕它旋转。

——恒星也围绕它旋转吗？

——不对，恒星，顾名思义，它是恒定且静止的。

——为什么？它们不受到任何引力影响吗？它们不具有质量吗？

——它们当然具有质量，但是作用在它们身上的力相互抵消了，就好像没有力作用在它们身上一样，所以恒星静止不动。我们可以通过恒星来定义"绝对空间"和"绝对运动"。因为，根据相对性原理，如果我们看到某个物体做匀速直线运动，我们就无法判断到底是它在运动，还是我们在朝着相反的方向运动，除非我们以固定的恒星作为参考。如果某个物体相对于固定的恒星发生运动，那么它就是真正在运动。

——恒星居然也是静止的？感觉有些不可思议。但我们暂且先不讨论这个问题。有没有什么精确的公式能够计算两个物体之间的引力呢？

——当然有：引力与物体质量的乘积成正比，与物体距离的平方成反比。

$$F = G \times \frac{m_1 \times m_2}{r^2}$$

常数 G 被称作万有引力常数，它是一个具体的数字，数值非常小，若要得到引力的正确数值就必须用到它。如果以千克为单位测量质量，以米为单位测量距离，以牛顿为单位测量力（没错，力的测量单位是以我的名字命名的），那么我们就可以得到：

$G = 6.67 \times 10^{-11} \frac{\text{Nm}^2}{\text{kg}^2}$ ，也就是 $G = 0.000\,000\,000\,066\,7 \frac{\text{Nm}^2}{\text{kg}^2}$ 。

我已经证明，如果这就是引力的公式，那么开普勒第三定律也同样适用。如果地球与太阳之间的引力与它们质量的乘积成正比，与它们之间的距离的平方成反比，那么比太阳更轻的地球就会沿着椭圆形的轨道运动，而太阳则位于椭圆形轨道的焦点之一上。

——万有引力方程是否也适用于从树上落向地

面的苹果呢？

——那当然！

——引力的大小取决于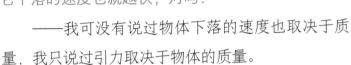物体的质量。物体越重，地球对它的引力就越大，所以它下落的速度也就越快，对吗？

——我可没有说过物体下落的速度也取决于质量，我只说过引力取决于物体的质量。

——但它们不是一回事吗？质量与引力成正比，引力又与加速度成正比（也就是您写的第二定律），加速度又与速度的变化成正比，所以……对不起，伽利略，硬币下落的速度应该确实比手帕更快。

——你这是自相矛盾。

——我没有觉得。

——不，你刚才所说的话一定自相矛盾！如果你还不知道错在哪里，请你读一读第280页。

——我错就错在我再一次忘记了，您永远是对的。牛顿教授，有个问题我一直很想问您……

——请问吧。

——物质会相互"吸引"吗？

——物质会相互吸引。

——但物质是没有灵魂的，对吗？

——物质的确没有灵魂。

——但既然没有灵魂，它们又怎么会相互吸引呢？

——谁知道呢！我只解释它们如何相互吸引，又不解释它们为何相互吸引。

隔空相互作用

并非所有科学家都认同牛顿的万有引力定律。

最重要的问题仍然悬而未决：行星究竟有无可能在没有任何接触的情况下相互吸引？自然界中是否存在"隔空相互作用"？

让我们举个例子：大家在完成课堂作业时，坐在教室最后一排的捣蛋鬼用弹弓将一个纸团投掷到坐在第一排的同学头上。这就是隔空相互作用的典型案例。

为了让第一排的同学转过身来，捣蛋鬼必须引起他的注意，也就是说，他必须以某种方式向该同学传递信息，无论是通过声音、小纸条，还是往他头上投掷小纸团。总而言之，捣蛋鬼必须跨越距离接触到这名同学，才能进行互动。

另外，在牛顿看来，地球与月球之间存在引力，二者之间相互作用（只有其中一个存在，另一个才能发生运动）。它们不需要像我们和同学传递小纸条或者交换暗号那样，甚至也不需要神秘的心灵感应。因为行星并不像人类那样，拥有能够思考的大脑。

两颗行星就是能够隔空地相互吸引，仅此而已。1726 年 3 月 20 日，牛顿逝世，他尚未解决的问题被留给了世人。

直到 20 世纪上半叶，阿尔伯特·爱因斯坦提出广义相对论，才最终克服了关于"隔空相互作用"的疑问，找到了解决问题的办法。两颗行星并不需要像变魔术那样，用细小透明的线绑在一起。

能量守恒

随着对物体运动的研究逐渐深入，科学家们意识到，在运动过程中，有些物理量会发生变化（如速度、加速度、位置、时间等），还有些物理量则不会发生变化。例如，在不断变化的运动体系中，物体的质量并不会随着速度发生变化。古代思想家们常说"世间万物不会凭空产生，也不会凭空消失"，但事实的确如此吗？让我们和另一位科学家聊聊。这位科学家名叫赫尔曼·冯·亥姆霍兹，1821年出生于德国波茨坦。

1847年，年仅26岁的亥姆霍兹出版了一卷对物理学发展意义重大的著作：《力量的保存》。在这本书中，亥姆霍兹清晰地总结了先前的所有研究，并且明确阐述了能量守恒的原理。

——亥姆霍兹，请问您为什么要在一本名叫《力量的保存》的书中阐述能量守恒的原理呢？

——因为在过去，我们把你们今天称为"动能"的东西命名为"活的力量"。

——可是我连"动能"这个词是什么意思都不

知道。

——啊……看来我们必须从头开始解释一下了……

——我准备好了。

——人类总是能够制造出
许多工具来帮助自己劳作：如
车轮、犁和杠杆等。很显然，
使用这些工具能够省力，但究
竟省了多少力呢？为什么它们
能够省力？这些问题能否用机
械学的成果来回答？最重要的是，人们是否能够制
造出可以完成更加繁重的工作的机器？

——我认为可以……

——当然，不过如果要将文字转化为数字，就必
须提出另外一个物理学概念，即"机械功"，此外我
们还要明确，运用哪些物理现象能够让我们"省力"，
换句话说，如何用同样的力做更多的"机械功"。例如，
红色汽车是否会比蓝色汽车更加"省力"？还是重的
机器会比轻的机器更加"省力"？依此类推……

省力不省功

现在让我们用更加"现代"的术语来讨论"机械功"和"能量"的概念，而不去追溯它们曲折的历史轨迹，以免我们的思维过于混乱。

我们首先从一项简单却重要的任务开始：举起重物，离开地面。现在，我们来给"机械功"下个定义，看看这个定义是否行之有效。

$$L = F \times h$$

L 是机械功，F 是作用力（此处为重力），h 是我们身体抬升的高度。

由于我们是在"对抗"重力做功（也就是将重物抬起），所以我们对重物施加的作用力可以表示为：

$$F = m \times g$$

在这个公式中，m 是物体的质量，g 是重力加速度，所以我们所做的功可以表示为：

$$L = m \times g \times h$$

也就是说：

1. 物体质量越大，我们就越费力；

2. 我们将重物举得越高，就越费力；

3. 重力加速度越大，我们需要做的功就越多。例如，在重力加速度小于地球的月球上，我们将质量为 m 的物体举到高度 h 所要做的功较少。

这就是机械功的定义，做功越多，我们就越费力。但我们必须注意一点：举起物体需要做功，但是水平拖动物体却不需要做功。

想要立刻明白这一点并不容易，当时有些科学家也感到无法理解。

在没有摩擦力的理想情况下，我们不需要做任何功也能够水平拖动物体。事实上，假如没有摩擦，在受到最初的推力后，物体就会继续以恒定的速度水平运动，不再需要持续不断的推力。

另外，如果我们想将物体举起，离开地面，必须持续对抗重力，而不能任由物体运动，否则它必定会落回地面。

换个角度看待功

有时候，我们也可以利用做功来省力：如果我们必须做一些功才能将某物体抬升一定高度，那么反过来，我们也可以让这个物体在下落时为我们做同样的功。更巧妙的是，我们还可以找到一些自然下落的物体，而且无须抬升它们。早在古代，人们就已经掌握并利用了这一规律：瀑布的水流可以用来转动磨坊的水轮。不过，现在我们还能计算出水流具体做了多少功：

$$L = m \times g \times h$$

m 是水流的质量，h 是瀑布落下的高度。

瀑布顶端的水拥有做功的潜能，但是它还没有开始做功。所以我们可以说，瀑布顶端的水具有一定"势能"，也就是做功的可能性。

鉴于是"可能性"，瀑布顶端的水既可能做功，也可能不做功。例如，假如我们关闭水坝，水无法流下来，那么它就没有做功。但即使如此，水仍然在瀑布顶端，因此它仍然具备做功的可能性，拥有势能。当然，如果水已经顺着瀑布落下，它就失去了势能，无法再继续做功了。

因此，我们可以将物体的势能定义为该物体在离地面一定高度时所具备的能够做功的潜能：

$$E_p = m \times g \times h$$

只要是存在重力加速度 g 的地方（如地球上的任意一点），任何具有质量 m 且位于高度 h 的物体都具有这种做功的潜能。因为，这样的物体一定能够落下，而只要落下，它们的重力就能够做功：

$$L = E_p$$

继续做功

瀑布转动磨坊中的水轮，难道是大自然给予我们唯一的慷慨馈赠吗？并非如此。请你想想河流的平缓河段，那里的水流并非静止，而是以一定速度 v 流动。那么，假如我们将磨坊水轮的叶片放在这段河面上，它就会随着水流转动。而假如我们将它放在湖水中，那么它就不会转动，因为湖水是静止的。

这也就是说，只要水流处于运动中，它就能够做功。

我们再以足球为例，足球一旦被踢出，就会在水平方向保持一定速度 v，而不会进一步加速。假如足球向你飞来，刚好砸到你的腹部，你就会感觉它好像在你腹部的位置"释放"了某种能量，让你感到有些疼痛。同理，流水的能量也在磨坊水轮的叶片上"释放"了——它能够通过做功来转动水轮。

还有另外一种形式的机械能，只要物体具有质量 m 和一定速度 v 就拥有这种能量。这种能量以前被称为"活力"，但现在它已被命名为"动能"，意思是物体由于运动和速度而具有的能量：

$$E_c = \frac{1}{2} \times m \times v^2$$

一点也不能少

也许在这段时期内，力学中所有最重要的原理都已经被发现并得到了证明。亥姆霍兹曾说过："活力和张力的总和永远保持不变。"这里的"张力"就是我们现在所说的"势能"。

$$(E_p + E_c)_{初始} = (E_p + E_c)_{最终}$$

用我们如今的话说就是：机械能的总量（动能和势能的总和）保持不变。

机械能的总量虽然保持不变，但其中的势能与动能可以相互转化。

云霄飞车

现在我们来看看总机械能守恒和动能与势能的相互转化究竟是什么意思。

下页图中有个非常漂亮的过山车。

一开始，过山车的车厢被发动机带到一定高度，发动机做功转化为车厢的势能，接着车厢就可以向下俯冲，无须发动机提供动力。此处我们也必须忽略摩擦力，想象车厢在完美的轨道上滑落。

　　分析这个过程，我们不难看出，车厢最初只有势能，当它到达最高点时，也就是在出发之前是静止的，速度为0。

$$(E_p + E_c)_{初始} = m \times g \times h_{初始} + \frac{1}{2} \times m \times v^2_{初始}$$

$$= m \times g \times 0 + \frac{1}{2} \times m \times v^2_{初始} = \frac{1}{2} \times m \times v^2_{初始}$$

　　第一次滑落后，车厢回到地面时的速度是多少？

　　回到地面后，车厢将会"消耗"完所有势能，将所有的势能全部转化为动能：

$$(E_p + E_c)_{最终} = m \times g \times h_{最终} + \frac{1}{2} \times m \times v^2_{最终}$$

$$= m \times g \times h_{最终} + \frac{1}{2} \times m \times 0 = m \times g \times h_{最终}$$

　　车厢回到地面时的速度有多快？我们可以将它计算出来。正如亥姆霍兹所说的：

$$(E_p + E_c)_{最终} = (E_p + E_c)_{初始}$$

所以

$$\frac{1}{2} \times m \times v^2_{最终} = m \times g \times h_{初始} \quad (方程A)$$

我们假设 $h_{初始}$=20 米，为了简化计算，我们取 g=10 米/秒^2（实际上，它的数值应为 9.8 米/秒^2），于是可以得到：

$$v^2_{最终} = 2 \times g \times h_{初始} = 2 \times 10 \text{ 米/秒}^2 \times 20 \text{ 米} = 400 \text{ 米}^2/\text{秒}^2$$

$$v_{最终} = 20\text{米/秒} = 72\text{千米/时}$$

这个速度已经相当快了！

现在，车厢还可以利用它具有的动能冲上下一个高峰，如果摩擦力没有造成任何机械能损失，那么它仍然可以爬升到与出发时相同的高度，且抵达时速度为 0。如果我们不想让车厢停下来，就必须将后续的高峰设计得比初始高度更低，这样车厢才不会耗尽全部动能用于克服重力，而是保留一部分动能用于继续前进。

请注意

在前面的方程 A 中，等号左边和右边都出现了质量 m。我们可以将其简化，同时约去两边的 m，让它不再出现在等式中，无须知道它的数值就能进行计算。

因此，任何质量的物体，只要是从 20 米处的高度落下，落地时的速度都为 72 千米 / 时。

伟大的伽利略！

伽利略对能量一无所知，但他仅凭自己的推理就在两个世纪之前得出了相同的结论。

我们只举了过山车的例子，但能量守恒的定律适用于所有现象，是物理学的普遍定律。

发表论文的第二年，亥姆霍兹成了……生理学教授。的确如此，能量守恒的观点并不是他在研究物理时提出的，而是他在试图解释人类如何呼吸时想到的。"世间万物不会凭空产生,也不会凭空消失",动物的身体机能也是如此。

后来,牛顿以及他的德国同事莱布尼茨巧妙运用数学工具（现在我们所说的"微积分"）,推动了后来的"分析力学",即运用数学来描述机械系统及其运动的力学分支。

众多科学家、数学家和物理学家为完善力学体系做出了研究与贡献。其中最著名的有瑞士人莱昂哈德·欧拉（1707—1783）、法国人让·勒朗·达朗贝尔（1717—1783）和皮埃尔·西蒙·拉普拉斯（1749—1827）、生于意大利都灵的约瑟夫·路易斯·拉格朗日（1736—1813）和爱尔兰人威廉·罗恩·哈密顿（1805—1865）。

读到这里,你会发现他们都不是英国人。这说明,起初在英国之外备受批评的牛顿思想现在已经被整个科学界所接受。然而,发展分析力学仍然需要大量数学知识以及简便的计算方法。莱布尼茨生长于英国以外的地方,他提出的计算方法比牛顿的更加简单和直观。

莱布尼茨和牛顿一生都在激烈地争论,然而,在后来几个世纪里人们发现,只要将莱布尼茨的计算方法应用于牛顿的思想,就能研究任何力学系统。

5. 导线

自从学会了使用电与磁，人类的生活发生了翻天覆地的变化。

与此同时，人们还意识到，电与磁的现象似乎比世界上的任何东西都要更加难以解释和预测。历经数个世纪的艰辛研究之后，人们才逐渐揭示出这些现象背后的原理。如今我们不仅可以使用电灯照亮房屋，还可以听收音机、在电脑上工作，或者使用手机在社交媒体上与他人聊天，而这一切都要归功于电与磁。以上只是个别案例，实际上，我们对电与磁的应用可以写满整本书。

人类对电的初步认识可以追溯到古希腊时期，当时的古希腊人知道，有种材料叫琥珀，这种棕色

透明的树脂化石能够反射出漂亮的光，所以直至今日，它仍然被人用来制作项链和其他贵重的首饰。

古希腊当时有传言说，琥珀具有神奇的功效，只要反复摩擦，它就会吸引头发以及各种各样的草秆。这一传言自然用的是古希腊语，在当时，琥珀被称为 elektron，也就是我们今天说的"电"。

还是在古希腊，有一座城名叫马格尼西亚，那里盛产磁铁矿。这种矿石同样表现出神奇的特性：能将较小的金属物体吸附到自己身上。

若要理解这两种现象，我们必须将它们分门别类，仔细研究其中的差异与相同之处。

公元前 100 年，古希腊人普鲁塔克发现，磁铁矿和琥珀之间非常不同：磁铁矿只能吸引铁屑，而琥珀吸引的是草秆和头发，最重要的是，琥珀必须先摩擦才具有吸引力。

难以想象的气体

于是，普鲁塔克提出了第一种理论：摩擦过后的琥珀会发散出一种（看不见的）气体，它会取代琥珀周围的空气，向外游动，当气体返回琥珀时，就会束缚草秆。

在古代中国，磁石同样引起了人们的好奇。只要用细绳将磁石悬挂起来，它就能非常神奇地指向南北两个方向，而这似乎只是很小的一步；至于是谁最先想到使用磁石制成指南针，以在海面上辨别方向，在古典时代并不清楚。

中国人首先意识到，磁石可以准确无误地从北指向南方。后来，中国的水手开始使用磁石制成的指南针，让它展现出令人惊异的能力，引领他们驾驶船只在公海上航行。

截至这个时期，有吸引力的物体能够发散出某种气体仍然是一种很好的解释，或者至少可以说，它是唯一存在的解释。当然，我们还必须做些测试，来验证是否所有现象都能够用类似的原理解释：神秘的气体从带电物体和磁体中进出，束缚了部分（但并非所有）元素，迫使它们靠近琥珀或是磁铁矿。

在很长一段时间里，人们都心安理得地接受了上面这种解释，至少在 1450 年至 1700 年是如此，直到科学革命开启了持续数个世纪的激烈争论。

细孔和意大利螺旋面

笛卡儿同样也在思考这个问题。1644 年，他用拉丁文出版了一卷名为《哲学原理》的著作。

在这本书的第四部分，笛卡儿试图解释地球的磁性以及指南针的运作机制。在他看来，每块磁铁内部都有许多螺旋状的微粒在不断地循环运动，有点像沸水锅中的螺旋形意大利面，地球这块大磁铁也不例外。地球或是指针这类磁体上有些特殊的细孔，能够让这些微小的粒子从磁体的一边运动到另一边。

在地球四周，螺旋微粒汇成的流总是沿着经线方向运动，若要保证螺旋微粒能够顺利通过磁体，位于地球附近的指针就也要沿着相同的方向。这就是为什么，指南针总是指向南北方向。

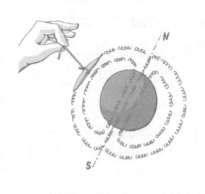

那么假如一个物体没有磁性呢？很简单：没有磁性的物体便没有细孔，螺旋微粒无法穿过它，所以它不会指向特定的方向。

打倒笛卡儿

然而牛顿却认为，笛卡儿所说的细孔实在是说不通。换句话说，在他看来，带电体和磁体吸引物体的现象应该用一种完全不同的角度来解释，即存在一些像万有引力那样能够隔空作用的力。虽然在牛顿眼中，电力与磁力并非机械力，但也许它们同样能够隔空作用。

关于电与磁的问题，牛顿当时还没能给出确定的结论，但他深信，他所提出的观点对后世的学者来说意义非凡。

事实的确如此。

在探寻这些问题的答案时，伦敦和巴黎的学者们同样采纳了牛顿这种在当时有些标新立异的观点。

看不见的力

18世纪初，电学承载着无数令人困惑的未解之谜，是当时物理界中一颗名副其实的明星。也许在科学思想史上，这是旧世界与新世界的科学家们（在万有引力之后）第二次发现，他们必须解释一种看不见的力。这种力巧妙地避开了人类的五种感官，却又带着惊人的效果现出原形：闪电、北极光和雷击之中都有它的身影。

然而这一次，科学家们面临的问题却十分复杂：这种力能够隔空作用，给人的感觉就像万有引力一样，但与此同时，它又涉及材料的特性（因为并非所有材料都具备电或磁的特性），而万有引力对任何物体作用的方式都是相同的。

其中错综复杂的奥秘引人入胜，若要解开谜题，还请你选一个天气晴朗的日子，取来一件羊毛毛衣和一支塑料笔。

简简单单的实验

接下来，请你将笔记本中
的一页纸撕成小碎片，用塑料笔在羊毛毛衣
上反复摩擦（也许你之前就这样做过很多次），然
后将塑料笔靠近纸屑，你会看到，小纸屑朝着塑料
笔飞了过去。是什么让这些小纸屑飞了起来？假如
你出生在18世纪初，你就会知道，有种东西叫作"带
电"材料，比如玻璃、琥珀（或者现在的塑料）。

像这样的材料并不多，它们内部储存着一种电
物质，每当我们摩擦它们，这种物质就会被释放出来，
从而吸引小纸屑。

1729年，英国物理学家斯蒂芬·格雷发现，这
种流动的电物质似乎在某种程度上还是……能够传
导的。

像金属管这种不带电的材料，如果与摩擦过的
树脂或玻璃等天然带电的材料接触，同样会表现出
带电的特性。由此看来，所有材料都可以带电，那

么先前的区分方法就必须进行修改：要么是"摩擦起电"，就像摩擦过的琥珀和玻璃那样；要么就是接触到了带电材料，从而"传导带电"。

带电并不是什么稀奇的事，任何物体都可以带电，人也不例外。

这听起来有些不可思议，所以当时的上流社会认为，这一吸引宾客的机会不容放弃，要将人体带电的奇观在最好的沙龙中展示出来。那时候，经常有人应邀参加某个聚会，却发觉所有来宾的视线全部聚焦在某一个人身上……此人被悬挂在天花板上，身体通着电，能够将所有轻小物体都吸引到自己身上。

然而，并非每次表演都能取得成功。例如，如果悬挂人体时使用的是金属线，或者空气湿度过大，"传导"实验就会失败。

绝缘体与导体

因此，电不再被视为受到摩擦的单个物体所具备的属性，而是一种能够从某种材料传导至另一种材料的物质。电就像水，能够通过管道，从一处移动到另一处；或者像热量，能够从热的物体转移到冷的物体。

另外，我们还必须注意一个新的区别：有些材料，例如金属（铁或金等），似乎可以分散或传导带电属性，因此被称为导体；相反，其他材料，如玻璃和树脂等，却似乎可以保持带电属性，因此被称为绝缘体。

杜菲的规律

查尔斯·杜菲是法国国王的皇家花园管理员（在当时相当于内政大臣，而不只是为路易十五修剪玫瑰花的园丁），1730 年，他似乎对这个问题有了更加清晰的认识。

杜菲通过许多次实验总结出一条规律："如果你想给导体通电，比如金属管或者你的邻居，那么导体的悬挂工具或支撑物都必须使用绝缘材料（如绳索或木凳等）。"

引力与斥力

杜菲是一位伟大的电学家，他证明了电有两种属性：它既可以吸引（就像塑料笔吸引小纸屑），也可以排斥。事实上，杜菲做事非常有条不紊，他指出了摩擦玻璃管和摩擦树脂管之间的差异。

以下是杜菲的实验过程与结果：

首先摩擦玻璃棒，将它放在一片金箔旁。

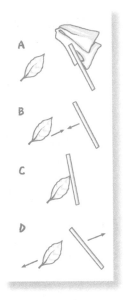

我观察到，金箔受到了玻璃棒的吸引，就像小纸屑被塑料笔吸引一样。

接着我用玻璃棒接触金箔。

接触过后，金箔获得了与玻璃

棒相同的带电属性，并受到排斥。

我注意到，这种情况与塑料笔吸引小纸屑并不相同。小纸屑是绝缘体，不会传导电，而金箔是导体，可以传导电。

黄金具有优良的延展性，很容易加工成又轻又薄的小金箔，非常适合用来做这些实验。

对于第一项实验结果，杜菲应该会这样评论："可以肯定的是，通过接触而带电的物体（金箔）会受到使它带电的物体（摩擦过的玻璃棒）的排斥。"

我还可以用树脂棒重复同样的实验，结果也一样。

但现在有趣的情况出现了：通过接触而带电的物体总是被其他带电的物体排斥吗？杜菲通过实验发现……并不是！

情况是这样的：接触摩擦过的玻璃棒而带电的金箔被玻璃棒排斥，却被摩擦过的树脂棒吸引。

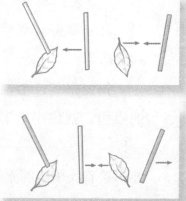

那如果我事先用摩擦过的树脂棒接触金箔呢？接触过后，带电的金箔会被

树脂棒排斥，但会……被玻璃棒吸引。

不同的电

接触玻璃棒而获得电流的两片金箔会相互排斥。如果它们接触的是树脂棒，情况也一样。如果一片金箔接触玻璃棒而带电，另一片金箔接触树脂棒而带电，它们就会相互吸引，当二者接触时，两种电流就会发生中和。

除此之外，金属和潮湿或湿润的物体都是电流的导体，而玻璃或树脂这种可以通过摩擦起电的材料则完全无法传导电流。

自动摩擦机

手动摩擦太过费劲。若要通过摩擦产生更多的电，更方便快捷的办法还是利用固定在支架上的轴承，通过踏板或曲柄让玻璃球在支架上旋转。

这样就省力多了，不是吗？链条或金属杆能够将玻璃球获得的电"收集"起来，它们被当时的科学家们称为"起电机的第一导体"。

所有人都赞同杜菲总结的规律，所以无论是谁来摩擦这只玻璃球，都必须站在板凳或一些绝缘的平台上，以防电物质散落到地面上。

用瓶装电

1745 年，在荷兰莱顿大学物理学教授彼得·凡·穆森布罗克的实验室中，电学家们正在尝试给装在大玻璃瓶中的水通电。

他们的想法是将电"装在瓶中"，以备长期使用。

这就需要充分地摩擦玻璃球，将电收集到起电机的第一导体上，然后再用与它相连的金属尖端触碰瓶中的水，使其通电。此时大家仍然继续遵循杜菲总结的规律，发电时需要与地面绝缘。

在操作过程中，人们通常会遭受轻微的电击，有点像下车开关车门时偶尔会经历的那种电击……然而对于这些，电学家们早已司空见惯了。

致命电击

莱顿大学有两位年轻的电学家，不知是为了尽快做完实验，还是因为感到规则太多难以遵守……他们找到了一种加快实验进度的办法，并且不需要用到太多的绝缘材料。

若要给水通电，必须先将电极（金属棒）浸入水中，然后再连接到起电机的第一导体上，接着摇动曲柄开始摩擦玻璃球。其中一名助手光脚踩在地上，就在他一只手握住玻璃瓶让电充入其中时，另一只手不小心拂过了起电机的第一导体。

霎时间，他遭受了非常强烈的电击，晕了过去，像一张熊皮一样躺在地上，面临着死亡的威胁。此人名叫安德烈亚斯·库奈乌斯，他既是专业律师，同时也是业余的电学爱好者。

起电机真的可能导致人死亡吗？仅仅是轻轻触碰到它也会致死？但是，起电机究竟产生了多少电，并且通过了安德烈亚斯的身体呢？

这次事故非同小可，穆森布罗克教授试验过后，亲自给巴黎科学院写了一封信来警告他人：

"……我的右手突然被重重地劈了一下，瞬间仿佛有一道雷电贯穿我全身。瓶虽然是玻璃做的，却并没有碎裂，我的手似乎也并无大碍。然而，我的胳膊和身体却疼得厉害，疼得我说不出话来；简而言之，我当时以为自己快死了！"

新大陆的冲击

这么看来，杜菲总结出的规律简直是大错特错，通过与地面接触（例如通过手和脚与地面接触）被充电后，玻璃瓶释放出的电击是致命的。几年后，1747 至 1749 年，有位学识渊博且多才多艺的人解释了关于"莱顿瓶"的谜题。此人名叫本杰明·富兰克林，来自新大陆，或者说来自英国在美洲的殖民地。本杰明·富兰克林是一位事业有成的记者（并不一定只有身穿白大褂的科学家们才能想出好主意），大约 40 岁时（年龄无法阻止人重返校园），他对电学产生了兴趣。

故事发生在波士顿和费城之间。在波士顿，富兰克林聆听了一些非常有趣的讲座，而在费城，在某个风和日丽的日子，他收到了一个礼物包裹。

包裹上的小纸条上写道："我们听说您对这门新学科充满热情。包裹里是一套电学实验器材。说明书在底下。伦敦商人彼得·科利森寄。"

这正是富兰克林想要的礼物！富兰克林对电学充满热情，也正是因此，在 20 年的职业生涯中，他成了一名杰出的科学家，后来进入伦敦皇家学会担任美国代表。

——富兰克林，莱顿大学的学者们观察到了一些令人费解的电学现象（十分危险），你知道吗？

——我当然知道！但是若要理清思路，我们必须先了解这种电火的性质，知道它是从哪里产生，又是如何表现的。

——这个我们已经知道了，斯蒂芬·格雷和查尔斯·杜菲之前也说过。比如，它可以从玻璃中产生。

——你的话完全没有说服力。如果我俯卧，腹部贴在木凳上，双脚离地，用玻璃棒触碰自己，那么我就不会通电。为什么多一个凳子实验结果就会发生改变呢？假如电流的确是从玻璃中产生的，那么凳子就不应该影响实验结果。

——但是你真的确定你没有通电吗？

触电的经历

——当然确定，我还用了验电器来测量我的通电情况。这种仪器由一根金属细线和两块非常薄的金属箔片组成，箔片通常用金制成。测量时只需用待测物体（此处指我的身体）接触连接着箔片的金属丝。如果箔片仍然向下垂直，那么就表示物体未通电。如果两块箔片张开，那么就表示物体通电了。我触碰了金属丝，但是箔片并未发生变化。

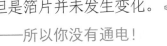

——所以你没有通电！

——我还没说完呢。接着，我又试着用手中的玻璃棒（我感觉自己像魔法师梅林……）去触碰一位光脚站在地上的朋友，并再次测量自己的通电情况。此时，箔片张开了，我通电了。

——那你的朋友呢？

——他没有通电。但假如我的朋友像我一样，卧在绝缘材料制成的凳子上，我们就都会通电。

——如果你们现在相互碰一碰手会怎样？

——哎哟！电到我了。你有多少次因为触碰别人而被电到的经历？也许你当时穿的是胶鞋，胶鞋

是很好的绝缘体，比木凳还要绝缘。另外，触电之后，我和我的朋友都不带电了，带电的氛围消失了。

——了解电学知识非要像这样遭受电击不可吗？

——不一定，我可以将带电的玻璃棒靠近我的朋友，不碰到他。但只要在玻璃棒附近，这位朋友就会遭到电击，就好像玻璃棒的电火会排斥我朋友的电火一样。因此，我不仅可以通过摩擦，还可以通过"感应"来转移电火，只要将带电的玻璃棒靠近导体即可。而当我把玻璃棒移开时，所有效果就都会随之消失。

——你好像真的化身成魔法师了，这太神奇了！但这些实验能够说明什么呢？

——说明接触地面很

重要。为什么我们必须碰到一位接触地面的朋友才能够触电？我们是否仍然相信，带电是玻璃和树脂的特性？还是必须承认，地面和我们的朋友同样带有电火？

——你怎么想呢？

——每个人都带有一定的电火，这是大自然赋予我们的，是我们与生俱来的。当我和地面隔绝并摩擦玻璃棒时，就会把我的一点电火转移到玻璃棒上。如果此时我再用玻璃棒触碰自己，那么我就会将电火重新回收。因此，即使手中拿着摩擦过的玻璃棒，我也不会带电。如果我用已经从我身上获得了电火的玻璃棒去触碰一位双脚触地的朋友，那么我的电火就会传递给他，我自己身上也就没有电火了。这样一来，我就带电了，但带的却是负电，因为我身上原本自然带有的部分电火被偷走了。

——那被偷走的这部分电火最后到哪里去了呢？

——它们通过我朋友的身体，沿着他的光脚散入了地下。

——那么假如你的朋友与地面之间隔着绝缘体呢？比如他穿着鞋子。

——那么我就会失去部分电火，从而带上负电，而我的朋友接收了我的电火，将会带上正电。事实上，若是脚下踩着绝缘体，电火就无法散去，我的朋友就会发现，他接收到的电火比自然情况下本应接收到的电火更多。

——如果这时候你们再相互触碰一下呢？

——那么我朋友身上过剩的电火就会再次回到我身上。他拥有的电火太多，而我拥有的电火太少。此时我们不再用玻璃棒（绝缘体）了，而是用手指（导体），所以电火会瞬间发生转移。于是我感受到了电击。明白了吗？

——好吧，有道理……好像差不多明白了，我一会儿再重新看看你的解释……不过这和莱顿瓶又有什么关系呢？

莱顿瓶，谜底揭晓

——一边完完全全没有电火，另一边则充满了强劲的电火，接触的瞬间，二者发生抵消，让科学家感受到了十分剧烈的电击。电击过后，一切又恢复到先前的平衡状态……只有科学家还挂在起电机的第一导体上，变成了一块烤肉。简而言之，这种电流并不是被创造出来的，而只是发生了转移，在不同程度上重新分配了。

——这个我知道，但是我们给装满水的瓶子充电，为什么当瓶子通过导体（科学家的身体）而不是绝缘体与地面相连时，瓶子会获得更多电火呢？同样地，为什么当科学家用另一只手触摸起电机时，他会遭到强烈的电击？这么看来，科学家和起电机的通电方式似乎是完全相反的，但我并不清楚其中的原因。

——那么现在我们来好好地解释一下。起电机的玻璃球通过摩擦毛皮获得电火，因此它会带上正电。由于玻璃球通过导体与瓶中的水相连（水也是导体），这些电火最终会进入水中。而水被封闭在绝缘的玻璃瓶内，多余的电火也出不去。但是在玻璃瓶外面，通过他与地面相连的赤脚，他的手"感应"到了瓶内大量的电火（尽管无法"触碰"，因为玻璃是绝缘的，电火不能通过）。于是，通过地面，科学家身上的电火离他而去，"抵消了"水中带有的正电。你还记得吗？这就是我之前解释过的感应现象。如果科学家和地面之间隔着绝缘体，那么他身上的电火就只能转移到脚趾尖。但是，如果科学家能够接触到地面，电火就会分散到地面。从科学家手上转移的电火越多，瓶子中能够装下的电火也

就越多。所以我们可以说，瓶子里面装了大量电火，瓶子外科学家的手上则几乎没有电火。满是电火的瓶子和不带电火的手可以挨在一起，因为它们之间有玻璃隔开，手也就不会感到电击。但是，当科学家用另一只手触碰机器与水相连的导体部分时……啪！触电了！电火相互抵消了，电击过后，所有东西带有的电火都会释放掉，尽管它们已经被烧焦了。

电闪雷鸣

在学校课本中，本杰明·富兰克林主要的成就是发明了避雷针。

富兰克林认为带来暴风雨的云层中充满了电火，因此他希望能够通过一根锋利的金属棒来捕获它们（尖锐的导体能够很好地捕捉电火）。若要捕捉电火，就必须去一个能够"触碰"到云的地方，或者至少要尽可能地靠近云层，所以必须去往高处。于是，富兰克林看中了费城一座正在修建的、带有巨大尖顶的教堂。但后来他还是决定在法国进行实验，选择使用风筝，而不是站上塔尖。

啪！避雷针诞生了。人们终于揭开了闪电神秘的面纱：它不过是云层和地面之间迸发的巨大火花，用于平衡彼此之间的电火。所有人都可以使用避雷针来防止房屋被火花射穿，化为灰烬。

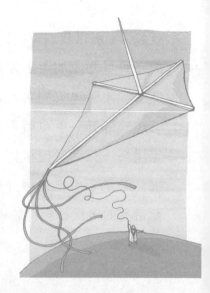

但请你切记，不要将闪电当成玩具。瑞典科学家乔治·里奇曼曾在俄罗斯圣彼得堡试图重复富兰克林的实验，结果被闪电击中，当场丧生。

名叫库仑的天才

让我们随着时间继续前进。1785年，我们在巴黎见到了当时的名人——夏尔·奥古斯坦·库仑先生。他的父亲亨利先前因为工作需要搬家，来到了法国的首都巴黎，库仑也因此有机会就读于四国学院。这所学校极负盛名，是由枢机主教马萨林创办的。库仑的数学能力很出色，因此当时学校中的人都说

"这个库仑真是电力十足啊！"（因库仑在电学方面贡献很大）。然而，人不能只依靠赞誉来维持生活并继续学习，所以库仑还需要想方设法地谋生，目前他面临两个不错的选择：成为一名神父，进入教会，或者从军。库仑选择了后者，他在法国军队中担任工程师，专门从事桥梁与道路设计。但是后来，库仑却投入了静电学研究，他的名字也和一种测量两个物体之间引力或斥力的实用发明——库仑扭秤联系到了一起。

——库仑工程师，您的扭秤是什么样的？

——嗯……请拿来一只 12 英寸*的玻璃圆柱体……等等，还是看图片更清楚。如果用起电机给 A 球充电，那么用它接触 B 球时，B 球也会带上相同的电。接着两只球就会相互排斥，B 球发生转动，连接 B 球与平衡球之间的横杆就会带动上方的悬丝发生扭转。当一切都静止时，就说明带电小球受到的斥力与悬丝的扭转力平衡了。只要知道悬丝的扭转力，我就

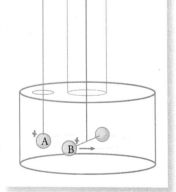

* 1 英寸 = 2.54 厘米。——编者注

实际上测量出了电荷之间的力。

——您得出了哪些结论呢？

1. A 球和 B 球之间电荷作用力的方向在它们两点的连线上。

2. 作用力可能有两种：引力或斥力。

3. 作用力的大小取决于 A 球和 B 球之间的距离 r。电荷之间的距离越远，作用力的"强度"就越小。确切地说，如果我们将距离变为原来的 2 倍，那么作用力就变为 1/4，如果将距离变为原来的 3 倍，作用力就变为 1/9。即作用力的大小等于 $1/r^2$。

4. 如果我保持 B 球的电火不变，将 A 球的电火变为原来的 2 倍，那么作用力也会变为 2 倍。如果我保持 A 球的电火不变，而将 B 球的电火变为原来的 2 倍，那么也会发生同样的情况。所以说，作用力与 A 球和 B 球的电火量成正比。

——我记得你们科学家好像更喜欢方程，而不是文字……

库仑定律的方程

——我现在就把方程写给你：间距为 r 的电荷 Q_A 和 Q_B 之间作用力的大小为：

$$F = k \times \frac{Q_A \times Q_B}{r^2}$$

可以看出，电荷遵循的规律与牛顿的万有引力定律非常相似。万有引力定律中物体的质量对应此处电荷的电量。k 是一个常数，由我们测量距离、电荷的电量以及作用力时选择的单位决定。牛顿的万有引力定律中也有一个常数（G），功能是相同的。

如果我们测量时选择米（m）作为距离单位，牛（N）作为力的单位，千克（kg）作为质量单位，库（C）作为电荷电量的单位，那么：

$$k = 8.98 \times 10^9 \ \mathrm{Nm^2/C^2}$$

（8 980 000 000 牛顿平方米除以库仑的平方）

$$G = 6.67 \times 10^{-11} \ \mathrm{Nm^2/kg^2}$$

（0.000 000 000 066 7 牛顿平方米除以千克的平方）

也就是说，两个重量为 1 千克、带 1 库电荷且相距 1 米的物体（如果电荷的电性相同），它们之间相互排斥的静电力为 8 980 000 000 牛，万有引力为 0.000 000 000 066 7 牛。

静电力的数值似乎非常大。

通过精确的实验，库仑取得了辉煌的成就，被拿破仑亲自任命为公共教育监察员。

如你所见，电荷的单位至今仍然以库仑的名字命名。

伏打的电池

1801 年 11 月的巴黎阴雨连绵。亚历山德罗·伏打伯爵向法兰西共和国第一执政官拿破仑当面展示了他的圆柱形仪器。

此后，著名的巴黎国家科学与艺术学院为我们的亚历山德罗·伏打颁发了金质奖章。

后来，法国人将这种圆柱形仪器称作"电池"，自 1800 年以后，人们就一直在使用它。

想想今天我们身边有多少种电池：手表、手机、手电筒和电视遥控器……都需要用到电池。

伏打和伽伐尼

电池的诞生在科学史上曾是一段发人深省的佳话，因为它是两位伟大的意大利科学家长期激烈争论的结果。这两位科学家分别是：亚历山德罗·伏打伯爵（1745年2月18日出生于科莫省卡姆纳戈）以及医生兼解剖学家路易吉·伽伐尼（1737年9月9日出生于博洛尼亚）。

许多人以为争论就是争吵，但事实并非如此。相反，这是一场高尚且富有活力的辩论，双方都充分尊重彼此的观点。

当时，伽伐尼医生正在手术台上解剖一只青蛙。

出于科学研究需要，解剖台上的青蛙先前已被杀死。原因非常简单：在伽伐尼所处的时代，人们尚不了解生物的运行机制。当时没有 X 光检查、血液化验和核磁共振扫描的技术，所以最好先学会解剖青蛙，然后再尝试对人体进行解剖。

然而就在这时，奇怪的事情发生了，其原理却不甚明朗。伽伐尼医生注意到，青蛙腿上的肌肉如果与脊髓神经连接起来，就会发生强烈的痉挛。

这一结果有些恐怖，已死亡的青蛙的腿猛烈地弹了一下……尽管它身体的其他部分已经被扔进了垃圾桶里。

动物电……？

于是伽伐尼提出了一个崭新的观点——动物电。也就是说，他认为动物的大脑可以产生电。

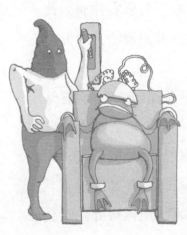

电鳐就是一个"显而易见"的例子，意大利塞尼加利亚和里米尼之间的亚得里亚海中就有很多电鳐，这种鱼能够发电，生物只要触碰它就会被电击。不过，亚历山德罗·伏打却反对动物能够发电的说法。

但是，至少还有一个问题没有得到解决：为什么当使用由两种不同金属制成的镊子触碰青蛙时，动物的电流最明显？无论是铜还是锡，似乎只要是导体，实验结果就不应该发生改变，但是……

在亚历山德罗·伏打看来，这一切与动物本身无关，是两种不同金属制成的手术刀使青蛙腿发生了跳动。是两种不同的金属的接触使电火发生了转移。

不，谢谢！

伏打对此深信不疑，他必须证明这点。他计划让不同的金属相互接触，以制造一种能够驱动电流的发动机。

如下页的图所示，伏打让铜盘和锌盘相互接触，并试图观察接触过程中是否会产生转移的电流。

可惜的是，电流的转移是非常微小的现象，而伏打使用的是验电器，因此，他观察不到任何电流效果。最终，他采用了伦敦化学家兼物理学家威廉·尼科尔森不久前设计的电荷放大器，于是看到验电器的两块箔片发生了分离：两块不同金属相互接触使得电火发生了转移。部分电火从铜盘转移至锌盘，两块金属盘似乎都带上了电，锌盘带正电，铜盘带负电。

伏打决定让他的对手大吃一惊。他用浸泡在盐水中的银盘、锌盘、纸板或木头制成了一个圆盘堆，导电性能良好。

这种堆叠起来的金属圆盘能够显示出起电机的特性。

也就是说，电池能够"按照指令"，让电流运动起来。

如果我们把舌头放在圆盘堆之间，就会感受到电击。

但是这种电池并不能够像莱顿瓶那样放电，所以，如果1秒后，我们再把舌头放上去，那么会再次受到电击；再重复一次，舌头仍然会受到电击；假如不断重复，我们就会被电晕。

伏打制造出了与动物电具有相同特性的伏打电堆，并且……他没有借助动物。因此，多年以后，人们发现电是由不同金属在潮湿环境下相互接触产生的，并不存在伽伐尼以为的动物电。那么电鳐又是如何产生电击的呢？其实它有一个天然的发电器官，类似于伏打的电池。

就这样，一位实验物理学教授（伏打）和一位解剖学家（伽伐尼）之间的争论取得了举世瞩目的成果。直到如今，类似的事情仍然时有发生，来自不同学科的科学家相互合作，比较各自的经验与想法，推动科学的进步。

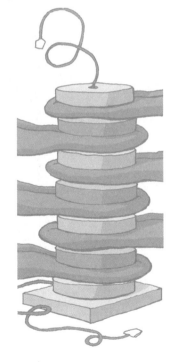

在这场伟大的争论中，伏打只是赢下了第一回合。事实上，后来还有许多科学家沿着伽伐尼的足迹前行，研究与医学紧密相关的电现象，为电生理学和心电图学的诞生打下了

基础。电的现象的确真实存在于我们的身体之中。除此之外，我们还学会了使用心脏起搏器来辅助存在缺陷的心脏，通过电脉冲来调节心跳。

6. 磁力

我们先前已经学到了一些关于琥珀和电的知识，那么磁又是怎样的呢？

虽然磁学实验没有电学实验那么壮观，但是科学家们仍然对它充满兴趣：只要明白磁的特性，就能够掌握指南针的优点与缺点，从而征服海洋。

人们最初认为，磁力似乎和电力一样，只是某些特殊材料（如磁体）才具有的一种特性。人们还观察到，在某些方面，磁与电的物理现象非常相似。

比如，它们都是无形的力，能够超距作用，通过移动各种物体表现出来。

然而，与可正可负的电荷不同，磁体总是有南北两极。南极和北极相互吸引，而北极和北极、南极和南极却相互排斥（见图 A）。

这样看来，根据接触面的不同，两根磁铁棒既有可能相互吸引，也有可能相互排斥。除此之外，就算将磁铁棒折断，也永远不可能将南极和北极分开：新形成的两根磁铁棒仍然是磁铁，拥有各自的南极和北极（见图 B）。

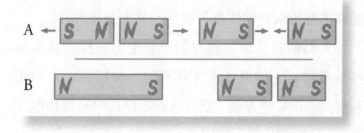

18 世纪末 19 世纪初，科学家们在研究磁学时仍然遵循牛顿的理论。

既然牛顿的理论对重力和电荷行之有效，那么它对磁力难道不是同样如此吗？

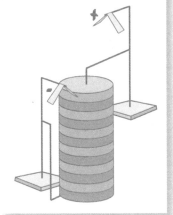

闭合电路

19 世纪初期，还没有人能使用电流，甚至连大学教授也不例外。

当时的确已经有电池了，但是还没有人能想到闭合电路（这有点像我们要在开关断开的情况下，试图理解电流通过灯泡的效果，可见这并不容易做到）。

现在请看下图，在电池的两端，我们能观察到两个电荷（可以用静电计测量），它们强度相等，方向相反。这些电荷能用来给物体通电，却不再需要事先摩擦生电，而是可以直接使用。

然而，没过多久就有人想到，可以用一根导线将电池的两端连接起来，于是，第一条电路就这么诞生了。

自此开始我们会发现，与电有关的物理现象变得相当复杂，因此我们不得不动身前往巴黎，来到著名的综合理工大学，向数学分析学和力学教授安德烈·马利·安培（1775—1836）请教。安培教授和蔼可亲且乐于助人，深受学生的爱戴，他一定会非常乐意接待你。

理清思绪……

——教授，请问为什么闭合电路之后，情况就会变得复杂呢？

——关键在于，伏打电池的电动势有两种截然不同的效果：电压和电流。

——可以先请您给我解释一下什么是电动势吗？

——电池能对它内部的电流体产生作用，使其向着电池的一端发生位移，在这种作用下，电池的一端会带上正电荷（电流体过多），而另一端则会带上相应的负电荷（电流体过少）。

——好的，那什么是"电压"呢？

——我们可以说，电池所做的功产生了某种"压力"，换句话说，假如没有电池"驱动"，情况就会恢复到自然状态，电荷也会重新均匀分布。只有当电路断开时，即电池两极之间只有绝缘材料时才会产生电压（注意，空气也是一种绝缘材料，即使两极之间什么也没有，也总是有空气的）。我们可以将电池连接到验电器上，观察金箔片是否分离，从而测量电压。

——所以说，电池"耗尽"就是指电池两极的电流体无法再持续地发生分离了，对吗？

——没错，出现这种情况是因为随着时间的推移与使用次数的增多，电池的材料发生了损耗，无法再发挥作用。

——好的，但现在我们还是没有看到"电流"。

——当我们用金属导体将伏打电池的两极连接起来时，我们先前用来测量两极电压的验电器就什么也不显示了。

——那电动势消失了吗？

——不，电动势仍然存在，这点我们至少能够从两个方面看出。如果用导线连接电池两极，导线就会发热（如果电池耗尽，导线就完全不会发热）。另外，如果我们取一盆溶有盐的水作为导体，其中一根电极（连接电池两极的金属棒）周围就会出现大量气泡。观察下页的图片你就会明白了。

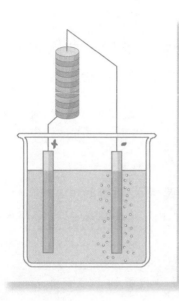

考虑到以上两种现象，我们可以说，当电路闭合并与电池的两极相连时，"某种东西"就会通过我们的电路。我们将这种东西称作"电流"。在电池电动势的作用下，电流会加速，但同时受到导线固有缺陷的限制，因此我们认为，电流体形成的流具有恒定的速度。

别忘了指南针

——好的，希望我已经明白了些什么。可是亲爱的教授，您为什么会出现在"磁力"，而不是"电力"的章节呢？

——你要知道，1820 年 9 月，我曾在巴黎科学院有过一段激动人心的工作经历。当时，多米尼克·阿拉戈向我们展示他来自哥本哈根的同事——汉斯·克里斯蒂安·奥斯特教授的发现。我记得，在场的人除了我以外，还有让-巴蒂斯特·毕奥教授，以及他的助手菲利克斯·萨伐尔等人。我们所有人都屏息凝神，或者说……都被深深地吸引了！奥斯特之前偶然发现，如果把指南针放在有电流通过的导体附近，指针就会移动。一旦断开与电池的连接，导致电流的通路中断，指南针就会恢复到正常状态，指向正北，就好像什么都没有发生过一样。

——奥斯特的发现真的是偶然吗？

——正如伟大的物理学家和数学家拉格朗日所说：这样的事只会发生在应该得到它们的人身上！

——那么他的发现真的很重要吗？

——他的发现是科学迈出的巨大一步。在我们已经熟知的物理电学中，我们能够看到磁现象。但是谁又能想到，电流居然可以产生磁效应呢！于是我们拾起专业工具（数学方程），兴致勃勃地开始工作，几周之内就取得了成果。9 月 18 日，我已经有了些想法，准备告诉科学院。

——可是奥斯特又怎么知道，一定是电流通过使指针转动了呢？

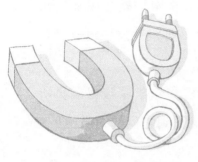

——很简单。奥斯特观察到，电路闭合时，指针会发生偏移。而当电路断开时，磁效应就消失了。

——也就是说，电流和磁效应之间存在着某种联系，对吗？

——是的，这一发现对解决另一个问题也非常重要。在此之前，我们还没有测量电流的仪器，但是现在我们有了，并且近在眼前：只要在指南针附近通上电流，就能够看到磁针发生偏移。我想给这种仪器起名叫电流计，你觉得如何？

——关于名字我没有什么好说的，不过我倒是想问问，这种仪器工作的原理是怎样的。若想让电流计给出准确的测量结果，那么就必须确切地知道，导线中通过的电流的大小和它附近磁针偏移程度的关系如何，对吗？

——好孩子！你说对了……你几乎说对了。你只是没注意到，"附近"也太笼统了。你必须说出磁针与通电导线之间的确切距离，我们可以用 r 来表示它。

——我敢打赌，推动指针的力一定与 $1/r^2$ 成正比，就像我们迄今为止遇到过的其他力一样。

——这你就错了！这次的力与通过导线的电流成正比，另外，它与距离的关系是 $1/r$，而不是 $1/r^2$。

——真奇怪！

扭转力

——这并不是这种力唯一的奇怪之处，毕奥和萨伐尔发现了它遵循的定律，并用自己的名字给它命名。这种力的另一个奇怪之处在于磁针的方向。请看图。

磁针的方向

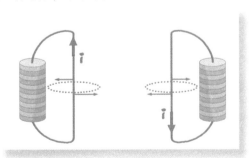

总是沿着通电导线的圆周，而不会出现针尖（或针尾）朝向导线的现象。磁化效应（方向与磁针相同）似乎是想要再造出一条闭合回路。如果在导线周围放上铁屑，这些铁屑就会围绕导线排列成圆圈，让通电导线刚好处在圆心的位置。

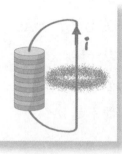

——这种情况我从来没有见过！我只知道，一般情况下，力朝着某一点（或反方向）作用，但我不知道，力居然还会"绕圈"。

——我们之前也像你一样。但是请你看看这样能带来什么好处。我们可以先反其道而行之，不用笔直导线产生"绕圈"的力，而是将导线绕几圈，让它产生"笔直"的力。请看图。

我们将这根绕圈的导线称为"螺线管"。通过电流时，螺线管内部会产生"笔直"的力，螺线管就会像一块天然的磁铁一样，拥有南北两极。

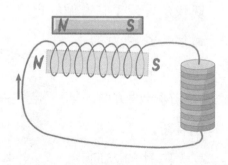

——也就是说，我们不用开采磁铁也能拥有磁铁。但

是，磁铁又为什么会具有磁性呢？

——谁知道呢，也许即使是在磁铁这样的天然磁体中，也蕴藏着能产生相同效果的电流。

——总而言之，一根通电的导线能够产生磁力。明白了，可是如果我现在另取一根导线，即导线2，在其中通入电流2，又会怎样呢？

——我首先应该说："感谢你提出这个问题。"你马上就会看到……安培定律。请看图片。

如果电流以相同的方向通过导线，它们之间就会产生吸引力，会尽可能地相互靠近；如果电流方向相反，它们之间就会产生排斥力，会尽可能地相互远离。

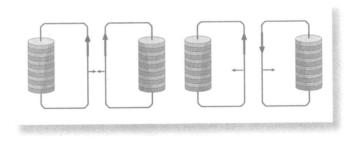

——安培定律应该也说明了导线之间相互靠近或远离的"确切距离"，对吧……

——当然！两条平行导线之间的作用力与电流

大小成正比，与导线之间的距离成反比。

19 世纪初，科学家们通过书信交流，为安培电动力学拉开了序幕：

尊敬的先生：

有幸收到您寄来的信函，未能立即回复，非常愧疚，实在不知如何向您道歉以示诚意。您与我的通信实为珍贵……至于我们正在研究的现象……

1822 年 7 月 10 日，巴黎

圣诞节的宁静早晨

安培正在给他的英国同事迈克尔·法拉第写信。根据信中内容，我们来到了位于伦敦雅宝街 21 号的皇家研究所。

此时此刻，你听到的掌声是献给迈克尔·法拉第的，和往年一样，他刚刚结束一场为孩子们举办的电学演示课。

迈克尔·法拉第是有史以来最伟大的实验哲学家，不过他人有些古怪，这点他的妻子比较清楚。

那是1821年圣诞节的早晨，法拉第对妻子喊道："莎拉，快来看啊，成功了！"

"什么成功了？"

和一般人在圣诞节早晨会期待的事物不同：法拉第制造出了某种装置，其中有磁铁和穿过磁铁的电线，然后……从电流中产生了运动。电动机就这么诞生了。不过严格来说，应该是电动机的原型诞生了。真正意义上的电动机在50年后才问世，不过它们的原理是差不多的。

电流通过电线时，电线周围会产生磁力。如果附近还有一块磁铁，那么导线和磁铁之间的斥力就可以推动导线远离。

但是，如果导线远离，它就会脱离电池，电流会断开，磁力也会随之消失。

于是法拉第有了个绝妙的想法：用装满水银的盆组成电路的一部分。请看图片。

导线 A 一端与电池的一极相连，另一端浸没在

水银之中；导
线 B 一端与电
池的另一极相
连，同时固定
在支架上，另
一端同样浸没
在水银之中，
可以移动。只

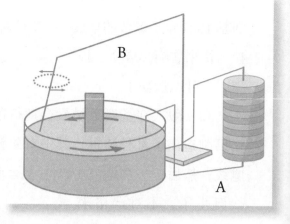

要两根导线保持浸没，电路就能保持闭合状态。事
实上，水银虽然是液态的，但也是一种金属，是良
好的导体。

力线

——法拉第教授，你是在哪所大学学习过，才
会有如此天才的想法呢？

——叫我迈克尔就行了。还有，其实我从来没
有上过大学。我之前在布兰德福德街的书店工作，
给店主里鲍先生当装订学徒。我能挣点小钱，补贴
家用，还能读书看报，我在那里读完了整套《大英

百科全书》。要是在以前，我得花好大一笔钱才能把这些书买下来。

——所以你都是在书店里学习的吗？

——也不是，我还有一些皇家研究所的赠票，可以去听化学教授汉弗里·戴维爵士的讲座。讲座中的实验非常精彩：戴维爵士将两块金板连接到伏打电池，并浸入水中……于是水分离成了氢气和氧气。就像拉瓦锡之前猜想的那样。化学多么有趣啊！接着我重新抄录并整理了自己在讲座时所做的全部笔记，装订成精美的书册，寄给戴维爵士。戴维爵士非常欣赏我的细致与耐心，于是聘请我当助手，协助他清洗和调整实验仪器。我当时激动极了！此外，他每周还付我 25 先令的薪水。1813 年到 1815 年，我和戴维爵士走遍了整个欧洲，到过法国、德国和意大利，学了很多东西。不过，由于没有系统地学习过，我感觉很难从数学入手，所以还是必须跳出方程，弄清楚事物在现实中的真正含义。

——所以你找到比方程更加简单的东西了吗？

——也许应该说是更"直观"的东西：力线。

——"力线"是什么？

——科学家们认为，两个电荷相互排斥还是相

互吸引，取决于它们所带电性的符号是相同还是相反。

——电荷我没有亲自试过，但我保证，磁铁的确是这样。

——我知道，但我问你：电荷之间并没有发生物理接触，那么一个电荷又是如何知道它旁边还有一个电荷的呢？

——答案是必须……

——……延伸艾萨克·牛顿爵士万有引力定律的结果，所以说，这是一种跨越空间距离，瞬间发生的作用。不错！对牛顿他们来说，电荷 A 和电荷 B 周围的空间并没有太大意义，重要的只有能够实际测量出来的直线距离。一些科学家遵循这种思维方式，将这样的现象称为超距作用。

——那还能用别的思维方式解释这种现象吗？

环绕的箭头

——我倒觉得应该这样描述：首先拿来导体 A，

导体带有一定电荷，比如带有正电（＋）……但是我不做实验，而是给你画出来。

好了。然后再发挥些想象力，用铅笔描绘出导体 A 周围受到它电荷影响的整个空间。我可以用从 A 向外辐射的箭头来描绘空间如何受到电荷影响。

——为什么所有的箭头都是从 A 指向外面，却没有反过来的？

——这完全取决于电荷的电性：电荷带正电，箭头就朝外；电荷带负电，箭头就朝内。

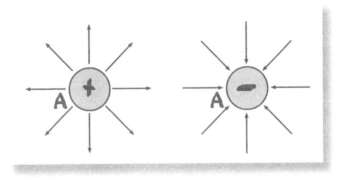

——好吧，我明白了。那然后呢？

——然后我们将另一个同样带正电的小电荷 B 放在附近。在大电荷 A 的影响下，小电荷 B 逃离了，逃离的方向正是经过它所在位置的箭头所指的方向。这么看来，电荷 A 周围画出的所有箭头"表示"电荷 A 所产生的力场。

——为什么 B 一定要是小电荷？不可以和电荷 A 一样大吗？

——因为电荷之间会相互作用，也就是说，电荷 A 会"感受"到电荷 B 的影响。如果电荷 B 相对于电荷 A 非常小，我们就可以把它产生的影响忽略不计。

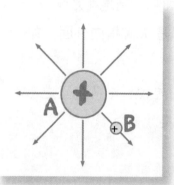

——我没明白。

——如果你想知道牛奶是热的还是冷的，可以把手指伸入杯中。手指感受到牛奶的温度。若要感受到温度，我们的手指就不可以太冰或者太烫，否则结果的偏差就会很大。所以，在测量牛奶的温度时，我们不能让它的温度因为测量而发生太大的改变。同样地，在测量 A 的电荷时，我们也要尽量避免"干扰"；所以，B 的电荷应该尽可能小。电荷 B 就像我们用来感受牛奶温度的手指一样。这就是为什么我说，A 必须是大电荷，B 必须是小电荷。

——如果大电荷 A 是带负电（－）的呢？

——那就只要把箭头方向反过来就可以了。现在，如果放置一个符号为 + 的小电荷 B，我们就会发现它受到吸引（请看右图）。不仅如此，如果小电荷更加靠近，力线就会变得更加密集；如果小电荷远离，力线就会变得更加稀疏。

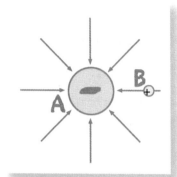

下面这幅图有助于我们记忆 $1/r^2$ 定律。当我们靠近电荷时，力会更强（因为我们所在之处的力线更加密集）；当我们远离电荷时，力会更弱（力线更加稀疏）。

——这些力线真是神奇啊！它们不仅能够告诉

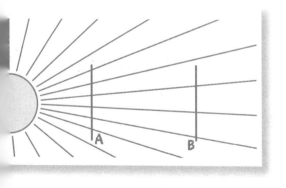

我们力的方向和力的指向（引力还是斥力），还能告诉我们力的强度是如何变化的——力线密集的地方，力就会更强。

——同样地，我还可以这样来描述类似的万有引力，用铅笔在一定质量的物体周围画出引力场。

——可是这些图画真的有用吗？

走向力场

——你相信这些力线是真
实存在的吗？我是相信的。其
实，只要我们把铁屑倒在油面
上，等待它们漂浮起来，就可以
看到，它们形成的图案和我前面
用铅笔画出的示意图完全相同。
所以，力场并不只是存在于我们
的想象之中。

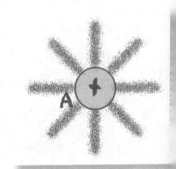

——你的示意图画得不错，但在我看来，它似
乎并不是什么天才的想法，也不够。你告诉我的不
过是库仑已经知道的东西而已。

——我的创新之处在于，我认为电荷周围的空
间里并不只有空气。如果我将电荷 A 放在房间中央，
就必须想象，整个房间都会被 A 产生的力场充满。
A 中的电荷不是力场，而只是产生这个电场的源头。
就好比我们手中有枝玫瑰花，如果花代表电荷，那么花香就代表遍布整个房间的"力场"。

——那么你是怎么发现电荷能够激发力场的呢？

——很简单，我再拿来另一个非常小的电荷，尝试通过它来"感知"房间内电荷产生的力场。无论站在哪里，我都会感觉到试验电荷和房间中央的电荷之间存在引力或斥力。这个力场只取决于大电荷，不取决于"探测"力场的小电荷。后来，这种场被称为"电场"。

——可是人们只是将它称作电场，没有写出什么数学公式吗？

——不是的，孩子，人们后来写出了这个公式：

$$E = k \times \frac{Q_A}{r^2}$$

其中的 E 表示电场。注意看，如果我想知道电场 E 中电荷 q_B 受到的作用力如何，就要用到下面的公式：

$$F = E \times q_B = k \times \frac{Q_A \times q_B}{r^2}$$

等号的最右边又回到了库仑力公式。

这样一来，假如你知道某个点的电场强度，就不必关心电场是由什么电荷产生的，也不需要知道这个点与电荷之间的距离，只要同时知道电场强度（E）和试验电荷的大小（q_B），不需要其他任何数据，就能计算出试验电荷所受的力。

请跟我来吧，给你看一个非常精彩的实验，我可是做实验的高手。

电流弹动

——什么实验？这些奇怪的电路是干什么的？

——它是用来解答下面这个问题的：如果电流能产生磁力，那么反过来是不是也有可能？

——所以，你是想知道磁铁能否产生电流，对吗？

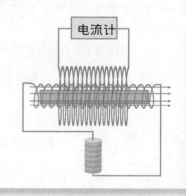

——没错。为了回答你的问题，我设计出了这个奇怪的装置。按照安培的说法，它是一只螺线管，两端连接着伏打的电池。我在螺线管内部放入了一根铁棒，因为它能够很好地集中磁感线。螺线管外部是一只更大的螺线管，与电流计相连。这三样东西（两只螺线管和一根铁棒）没有任何一样与另一样相互接触；为安全起见，我还在每样东西外面都包上了一层绝缘布。

——电流是否只能在与伏打电池相连的螺线管内部流动？

——那当然。实际上，与外部螺线管相连的电流计读数为 0。没有电流通过它。

——迈克尔，这又能称得上什么发现？内部螺线管表现得像一块磁铁（安培之前已经说过了），而外部螺线管没有电流，因为它没有接上电池！这太简单了，我自己动手都可以。

——现在请你睁大眼睛，看好电流计。注意，我要把电池拆下来了，请看……

——弹了一下！刚才指针弹了一下！可能是我不小心把桌子推动了。

——你再看，我把电池重新装上去……

——又弹了一下！方向是相反的。这是为什么呢？

——我没法得到像伏打电池那样的"稳定电流"，但是至少在断开或连接电池的一瞬间，我能得到一闪而过的电流。当我连接电池时，指针是向正方向弹动的；而当我断开电池时，指针是向负方向弹动的，也就是说，电流还是循环了一小段时间，而且方向是相反的。不过请你记住，无论如何，两条电路之间完全没有任何连接。

——为什么只有在安装或拆卸电池的时候才会出现这种情况？

——我认为，若要让外部螺线管产生电流，内部螺线管产生的磁力就必须随着时间发生变化。用我的话说：我在电流计上观察到的电流取决于外部螺线管"包围的"磁感线的数量如何变化。

——请你再解释一下。

——当电池断开时，内部螺线管中没有电流通过，也就是没有磁力，所以磁感线的数量为0，即没有磁感线。当我装上电池时，磁力产生，磁感线的数量从0开始增加到一定数量，比如10（只是举个例子）。所以，外部螺线管首先是被1条力线穿过，然后是2条、3条……直到10条。在很短的时间内，磁感线的数量从0条增加到10条，于是电流计的指针发生弹动。当磁感线的数量不再增加，保持为10条时，外部螺线管中的电流，即电流计测量到的电流也会随之消失。

——……当你取下电池时，相反的情况就会发生: 穿过外部螺线管的磁感线数量从10条变为0条,然后你就会看到,电流计指针朝着相反方向发生了弹动。

——不错! 如果磁感线增加,外部螺线管感应到的电流(也就是仅由外部磁力变化而产生的电流)就是正电; 而如果磁感线减少, 感应到的电流就是负电。这些在电流计上都可以非常清楚地观察到。

交流电

——这个发现非常重要吗?

——我向你保证, 非常重要! 在未来会有水电站, 当然, 我从来没有见过, 但是你有没有想过, 它们为何能够从瀑布中"挖取"电能呢?

——好吧,其实……不,我觉得这是"自然而然"的。

——但我并不这么认为。总的来说, 原理应该是这样的: 必须改变通过外部螺线管的磁感线数量。你可以打开或关闭电路(但这样只能得到弹动的电流), 也可以移动外部螺线管, 将它从内部螺线管的右边移动到左边, 如下图所示。

我们正是用瀑布落下的能量来移动螺线管的。

之前你已经看到了，一种机械能（水的能量）可以转化为另一种机械能（螺线管运动的能量）。连续移动螺线管会导致电流在两个方向上反复发生弹动。外部螺线管产生的电流不会像伏打电池产生的电流那样恒定，而是会随着我们将螺线管移开而逐渐减小，又随着我们将螺线管靠近而逐渐增大。请看电流的变化图。

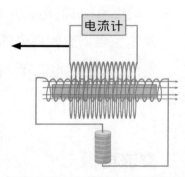

——从图中可以看出电流的正负吗？

——当力线减少时（移开螺线管），电流是负的；当力线增多时，电流是正的。和之前一样，如果我们打开或关闭开关，就会观察到，电流在两个不同

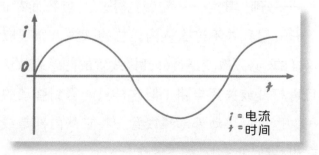

的方向上发生弹动。这就是所谓"交流电"，因为它的方向会发生改变，现在你在家中使用的电正是交流电。

振奋人心的相遇

1831 年 6 月 13 日，我们来到了苏格兰，这里的植被苍翠繁茂，我们跟随一只系着蓝色蝴蝶结的鹳鸟*前往爱丁堡，来到印度街 14 号一楼，按响了麦克斯韦家的对讲机。爸爸约翰和妈妈弗朗西丝已经在此守候，等待鹳鸟带着小詹姆斯到来。

小詹姆斯从小无忧无虑，直到他上学那天。他的同学们总是取笑他，叫他"呆瓜"。但事实并非如此！詹姆斯只是有些腼腆，而且，最重要的是，他的脑袋中总是充满奇思妙想，想法非常之多。

1873 年，詹姆斯已经在剑桥大学当了两年教授，还受到校长德文郡公爵任命，担任物理实验室主任。

——早上好，我等着你呢……

——天哪，您居然会说意大利语？

---

* 在西方传说中，鹳鸟是送子鸟。——译者注

——是的，我会说一点，6 年前，我在和妻子去意大利旅行时学会了这门美丽的语言。

——教授，您在牛津大学出版的《电磁学通论》获得了巨大的成功。

——其实是有窍门的：我的书是一本理论书和公式书，但是在写作之前，我对法拉第所做的实验进行了深入的研究。研究理论的人必须和研究实验的人保持密切联系，只有通力合作才能取得最好的成果。

——我和法拉第聊过天，他的研究非常有趣。

——法拉第不只是一位出色的实验家，他还有一套严谨的方法，能够描述实验现象，非常接近数学。

——您是说他的力线吗？可是怎样才能给图画赋予数学的形式？

——如果能够成功给图画赋予数学的形式（事实上我成功了，否则我就不会在这儿和你说话了），我们就可以有效地解释电磁现象，还能进行计算。另外，我们只需要从简单的原理出发，用纸笔进行计算，就能

够推导并解释所有已知的电磁现象。你应该先读一读我的书。

——这对我来说太难了，您可以简单给我讲解一下吗？

——如果你翻到第 296 页，你就会看到关于我的方程的解释。不过，我再说一遍，我并没有发明任何东西，只是将法拉第的所有想法转换成了几个优雅的数学符号，就好像是给它们穿上了一件晚礼服。

麦克斯韦方程组

——如果你还没有读过附录，那么我只能告诉你，我的方程组总结了在我之前的学者取得的经验和成果，可以用来计算电场和磁场的行为。但是除此之外，我还加入了一项在未来会改变世界的创新。法拉第已经意识到，穿过导体的变化磁场会让导体中产生变化的电流；我认为，这句话反过来应该同样适用，即变化的电场也会产生变化的磁场。

无需导线

——这又是什么意思？

——意思就是，随着时间发生变化的磁场能产生变化的电场，反过来，随着时间变化的电场也能产生变化的磁场，而这个变化的磁场又能产生电场……总而言之，我的方程组描述了一个不带任何电荷也没有任何导线的电磁场。有了我的方程组，在后来的一些杰出的科学家，如赫兹和马可尼等人的帮助下，人们制造出了收音机、电视，当然还有移动电话。

——的确，用手机打电话时，我和我朋友的手机之间并没有导线连接，但是他的声音却能传到我的耳朵里，并且我瞬间就能听到我朋友的声音。所以教授，这个电磁场的传播速度有多快呢？

——从我的方程组可以得出，两个电场和磁场连续追逐，从而产生了电磁波，以极快的速度传播：

$$v = 288\ 000\ 000\ \text{米} / \text{秒}$$

——天哪！居然这么快！

——是的！电磁波若要穿过 6 米长的实验室只

需要 200 亿分之一秒。这好像是瞬时发生的相互作用，就像那些相信超距作用的科学家所认为的那样。根据 1849 年阿尔芒·斐索的最新测量，光在空气中传播的速度为每秒约 314 000 000 米。我和斐索的测量还不够精确，也许再过一段时间就会有科学家发现，光和电磁波的传播速度其实是一样的。因此，在我看来，我们看到的光不过是电磁场的波而已。

美好年代

巴黎林荫大道上时光飞逝！如今已是 1889 年，我们正在庆祝法国大革命 100 周年。在美好年代的欢愉氛围中，巴黎的贵族在世界博览会的展厅中流连忘返，并且逐渐开始了解电磁学的技术进步。

博览会的展厅中应有尽有：最前沿的发现，最奇妙的产品……电磁学的研究成果自然也包括在内！

最令人惊叹的是一座很高的塔，从上面能够俯瞰整个巴黎的美景。它就是工程师古斯塔夫·埃菲尔建造的铁塔，我们希望，在展览结束后人们不要拆除它。

你还记得螺线管吗？它们在电流通过时会变得像磁铁一样。现在你知道螺线管可以用来做什么了：一个能够闭合电路的按钮。再加上一把金属锤，就足以让奇迹发生——只需要按下按钮，门铃就会响起，无论是普通房屋，还是高级酒店的豪华客房都是如此。博览会上不乏梦想家，他们之中有人想象房屋能够连通电路，使用照明灯；还有人想象有种神奇的飞行器，能够陪伴撑着遮阳伞的女士散步。

"女士们先生们，请你们转动木质开关，大厅中的灯会随之亮起。"此时正值 19 世纪末，电灯即将取代煤气灯。出租公寓中张贴的广告写道"让电照亮整层楼"，还有"转动手柄，马上联系到邻居"，就连电话也迈着胆怯的步伐登场了。

如果天气寒冷呢？

那么就可以把白炽灯做成电炉。1920 年前后，电力已经在各个大城市的家庭中普及了。

那么，这些电都是从哪里来的呢？

1880 年前后，已经步入工业化的大国开始考虑使用法拉第的发电机来生产电能。

于是，第一批电力公司就此诞生。

7. 热的运动：热力学

　　冷和热的概念乍一看似乎非常容易理解。然而，即便是在日常生活中，它们的概念也会让我们产生一些误解："妈妈，汤太烫了，我不想喝！""哪有，根本不烫，快喝掉。"汤到底是烫还是不烫呢？我们必须找到一种通用的办法来定义冷和热，让所有人都能够相同地理解。

　　早在1300年，学者们就开始提出这样的问题了：假如热量是物体的一种属性，就像亚里士多德（古希腊哲学家，他的思想曾经深刻影响整个中世纪）所说的那样，那么这个物体本身具有多少热量呢？

　　如果我们在此基础上还要问"什么是热量"，问题

就变得比预想的更加复杂了。

生活中的经验

不过，我们确实知道一些关于热的概念，在解决问题时应该从它们入手。

如果我们把一锅水放在火上，锅和水都会变热。如果锅里的水很少，那么放在火上直至水沸腾所需的时间，应该比当锅中装有大量水时更短。

如果我们让热的物体与冷的物体接触，热的物体就会变冷，而冷的物体会变热。绝对不可能发生相反的情况。

不过这也有些奇怪。为什么热量总是从较热的物体传递到较冷的物体，却从来不会从较冷的物体传递到较热的物体呢？你想过吗？

实际上，即使是冷的物体也具有一定热量，所以，当我们用比它更冷的物体接触它时，它还会变得比之前更冷，并将它的部分热量传递给更冷的物

体。如果我们知道什么是热量，也许就能够理解这些热量传递的机制了。

现在，我们又回到了原点。

关于热水的发现

我们先取来一口较小的锅，打开家里的水龙头，接入稍微没过一根手指的冷水。把锅放在火上煮3分钟。关掉火，此时我们最好不要用手指触碰锅中的水，因为可能会烫伤。

现在我们再换一口大锅来，装入七八升冷水，再放到火上煮3分钟。现在，如果我们把手伸进加热过的水里，完全不会烫伤，相反，还会觉得水很凉。

两种情况下，我们提供给水的热量都是一样的（因为用相同的火加热了同样的时间），得到的结果却不一样。

分清混淆的概念

从刚才的实验中我们能够得出什么结论？假设原始人已经知道了"热量"的概念，可要解答关于热量传递的问题，还需要等上几百万年。现在我给你一些时间，看你能不能自己想出来。

好了，让我来告诉你：热量和温度其实并不是一回事。

它们之间有着千丝万缕的联系，的确如此。我们开火加热时，大锅中的水的温度也升高了，但是没有小锅中的水温度升高的速度快。

我们给两口锅提供了同样多的热量，却没有得到相同的温度。

当然，你可能会和我说，第一次接的水量少，所需要的热量也就更少；而第二次接的水很多，提供的热量还是和之前一样，所以就会不够。

也就是说，物体的温度不仅取决于我们提供给它的热量，还取决于其他因素，比如我们想要

加热的物体拥有多少物质，要意识到这一点并不容易。除此之外，我们还可以肯定，物体的温度也取决于我们想要加热的物质的类型。例如，将金属茶匙浸入热气腾腾的茶杯中，茶匙会变得非常热，而木制茶匙却几乎不变热。

多一点思考

这些案例让我们意识到，我们总是忽视身边发生的事情。在我们看来，煮开水下面条的时间总是比煮一杯茶所需要的时间更长，我们还理所当然地认为木勺不会变热，还有，热量总是会从冷的物体传递到热的物体，不可能反过来。我们总是觉得这一切都是正常的，本该如此，所以从来也不会对此提出任何质疑。幸运的是，历史上不是所有人都像我们这样。

例如，伽利略之前就多思考了一些，决心把问题弄得更明白。1592 年，他发明了温度计，或者更准确地说，发明了一种类似于温度计的东西。

他首先拿来一只细颈瓶，装入一部分水，然后倒扣在小盆里。细颈瓶顶部的空气受热就会膨胀，然后将水压下去；如果空气受冷，水位就会上升。

而我们说它"类似于温度计"是因为，伽利略并没有在细颈瓶的颈部标上刻度来精确地测量水位，因此这和你今天看到的温度计还有所不同（温度计上的刻度实际上是莱伊在 1632 年加上去的），无法给出精确的测量值。

如果有精确的测量值，就可以将两种不同的温度进行比较：如果体温是 36.8 摄氏度，你就可以出门上学；如果是 37.2 摄氏度，就最好在家里休息。这种温度计非常有用，只需要 4 个分度值就能让你的一天彻底发生变化。

医生与温度计

有位苏格兰医生名叫约瑟夫·布莱克（1728—

1799），对物理和化学充满热情，他曾经这样声称：

——通过使用温度计，我们发现，如果把许多不同的物体，如金属、石头、木头、羽毛、羊毛和水，放在没有以任何方式被加热的房间里，且这些物体起初的温度各不相同，那么一段时间过后，这些物体的温度都会变得一样高。

——也就是说，热量会从热的物体传递到冷的物体，直到所有物体都具有相同的热量，对吗？

——不对，不是具有相同的热量，而是具有相同的温度。千万不要把物体内部的热量和他们的温度混为一谈，这种推理方式太过草率。热量和温度是两个完全不同的概念，这一点你应该已经从之前用锅煮水的实验中看出来了。

——但是热量和温度总是相互联系的，不是吗？如果我一直加热锅中的水，水的温度也会一直升高，对吗？

——半对半不对。我们先从非常冷的水开始——拿一块冰放在火上。不过我建议你先把冰放在锅里，再把锅放在火上。

——谢谢你，约瑟夫！

——不客气。我们继续吧。在锅中放一支温度计。当我们开火时，温度计中的液柱就会逐渐升高……但升高到某一刻时，它就会停下来。

——是谁把火关了吗？

——没有人关火。但是，液柱却不再上升了。

——这是为什么呢？

——如果你观察锅中的水就会看到，水中漂浮着冰块，冰在融化，温度计的液柱保持静止。当冰块全部融化，锅中只有水时，温度计的液柱又会继续升高，然后再次停下来。

——太神奇了！这又是为什么呢？

——水在沸腾。与此同时，液柱又静止不动了。

——这就是你说的，热量和温度并不总是联系在一起的原因吗？

——当然，在有些情况下，比如我之前提到的情况，我们提供给物体的热量并不能起到提高它温度的作用。这就好像我们提供的热量"隐藏"在了物体之内，因此，我们也将这种热量称为"潜热"，即潜藏的热量。

——温度计总是如此吗？每次冰融化或水沸腾时，温度计中的液柱都会保持不动，对吗？

——是的，情况总是如此，当水"状态改变"，也就是从固态变为液态，或者从液态变成气体时，我们提供的热量并不能使温度升高，温度计也会一直保持在同一刻度不变。因此，我们给水结冰时温度计中液柱的高度标上刻度，并规定这个刻度为 0 摄氏度。另外，我们还在水沸腾时给液柱标上了另一个刻度，规定这个刻度为 100 摄氏度。这种表示温度的方法是由一位名叫摄尔西斯的科学家发明的，但是还有一位名叫华仑海特的德国科学家发明了另一种方法。

世界是由刻度组成的

——布莱克，为什么华仑海特需要发明一种新的方法来表示温度？

——其实，华氏温标反而是更早发明的，我以前也用过，但是后来，它被更加简单的摄氏温标取代了。不过，一些英国人不太喜欢改变他们的习惯，仍然在使用华氏温标。

——我有一个疑问。如果我们不把热水和冷水混合在一起，而是把热水和冷的水银混合在一起，那么会怎样呢？

——如果取一升 20 摄氏度的水和一升 10 摄氏度的水混合，就会得到两升 15 摄氏度的水。如果取一升 20 摄氏度的水和一升 10 摄氏度的水银混合，那么所得混合物的温度会更加接近水的温度。由此可以更加清楚地看出，热量和温度是两码事：水温度升高 1 摄氏度所需的热量多于等量的水银升高 1 摄氏度所需的热量。

——好吧，不过热量究竟是什么呢？

——我们认为它是一种物质，名字叫"热质"。热量会从较热的物体移动到较冷的物体，直到二者达到相同的温度，就像连通器中的水一样。水从高处流向低处，直到两边的水平面达到相同的高度。

——你这是自相矛盾！你之前说过，热量和温度是两码事，但现在你又告诉我，一个物体含有的多余热量会转移到另一个物体中，直到它们具有相同的热量，并达到相同的温度。

——我只是说达到相同的温度，并没有说热量相同。事实上，在两个相互连通的容器中，两边水平面的高度总是相同的，水量却并不一定相同。请看图：如果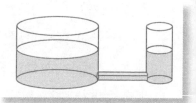一个容器宽，而另一个容器窄，在宽容器中的水位与窄容器中水位相同的情况下，宽容器里的水量就会多得多。热质也是一样，两个相互接触的物体所含的热量可能差别很大，但它们的温度是一样的。

热质的重量

——好吧，我明白了。一定量的热质会从一个物体传递到另一个物体，直到它们温度相同。这听起来很有道理，但在此过程中，失去热质的物体重量会减少，而获得热质的物体重量会增加，对吗？

——不对。有证据表明，无论物体含有多少热质，它们的重量总是相同。

——怎么可能？难道热质这种物质没有重量吗？

——实际上，它似乎没有任何重量。热质是一种没有重量的物质……这种情况有时候确实会发生……

——好吧，但也不是经常会发生吧！

——物理学的历史发展至今，我们科学家将这些现象归因为不可测量的流体，即没有重量的流体的存在。我们也可以用这种方法来解释电与磁的现象。

——这似乎也有一定的可能。但是，为什么物质会没有重量呢？

其他的未解之谜

——有许多关于热质的疑问目前还没有解决，这只是其中之一。你想想，除了使用热源，还有没有其他办法可以用来加热物体？例如，你还记得原始人是如何生火的吗？答案是摩擦木棍（不知道为什么，现代人都不会自己生火了）。我们想取暖时还可以摩擦双手。这种现象无法用热量从一个物体传递到另一个物体来解释，因为在摩擦过程中，两个物体是同时变热的。

——那么这几乎就是在说，热质除了没有重量，

还可以凭空产生。这也太奇怪了，简直令人难以置信，哪怕是那些最敢于大胆假设的人也会这么觉得。

——不过，那些最敢于大胆假设的人都有一个特点，那就是永不放弃……所以，他们想到了一种答案：摩擦能够改变物体内部的结构，从而改变它们的比热容。

比热容的具体定义

比热容是指让 1 克物质温度升高 1 摄氏度所需的热量。

我们已经看到，如果加热金属茶匙，它的温度升高的幅度要比木制茶匙更大。这就说明，只需要一点热量就能让金属的温度升高 1 摄氏度。金属的比热容很低，而木头的比热容很高——需要很多热量才能让它的温度升高。

比热容与摩擦

摩擦导致温度升高的原理应该这样解释：摩擦使得物体内部的结构发生改变，导致物体的比热容下降。

这样，物体本身含有的热量就能使它的温度升高，因为只要比热容发生了变化，温度升高所需的热量就减少了。

装有热质的小瓶

为了理解这个概念，我们可以再用水来打一个比方。我们先取一只能够膨胀和收缩的透明容器，

如气球。往里面装入一些水，扎紧口子，将它放在桌面上。接着我们测量容器中水面的高度，结果是 3 厘米。然后，我们用手挤压气球，减小它的直径（改变它的结构），

水平面会上升，但这并不是因为水量增加了，只是容器的形状发生了变化。

我们可以认为，一种材料，如铁棒，其内部是由大量能够容纳热质的小瓶组成的，而温度就像这些小瓶中的水平面。

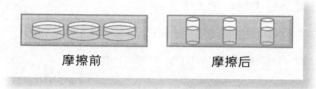

摩擦前　　　　　　　摩擦后

如果由于摩擦，这些容器的形状发生了变化，例如，它们都缩小并升高，先前已经存在的热量就会达到更高的平面，温度计也会显示更高的温度。这并不是说当时的科学家认为这些小瓶真实存在，只是打个比方，这样可以让概念"形象化"。

美国人来了

这种解释的确有道理，但它就是正确的吗？谁知道呢！在这种情况下，就需要集思广益和进行讨论，让每个人都说出自己的观点。幸运的是，伽利略之前开辟了一条新路：要想知道某个假设是否正确，就必须对它进行检验，做些能够得出可信结果的实验。

现在是时候向你介绍本杰明•汤普森了。1753年，他在美国马萨诸塞州出生，是第二位以个人身份载入物理学史的美国人。第一位你已经见过了，是本杰明•富兰克林。

在那个年代，很少有美国人从事物理学研究，为了不被孤立，这些少数派几乎是被迫来到欧洲，开展研究工作的。

汤普森也不例外，他搬到了德国，并在那里被授予伦福德伯爵的称号。后来，他也以这一称号名垂青史。

汤普森是位军事家，曾经仔细观察过兵工厂如何制造大炮：

人们首先需要使用钻孔机"挖通"大金属管，将其做成中空的炮管。

在此期间，炮管和制造过程产生的金属屑都达到了非常高的温度，但它们都没有被任何热源加热。

炽热的金属屑

——之前我在摩纳哥兵工厂指导制作大炮所需的钻孔工作。钻孔时，炮管内部和随之产生的金属屑都会达到极高的温度，当时我真是惊讶极了。

——于是，你就好奇，在机械操作过程中产生的这些热量究竟是从哪里来的……

——没错。如果这种现象的原因是金属屑的比热容相对于未加工过的金属有所变化，那么我必须找到办法来证明这点。

——所以你找到了吗？

——那当然啦，否则我现在也不会在这里跟你说这些了。我先在钻孔时取了一定量变热的金属屑。接着，我又取了相同质量的未加工过的金属，放在火焰上加热到金属屑的温度。

——最后两种金属的温度都一样，对吗？

——没错，但是在第一种情况下，我并没有给金属屑提供任何热质。它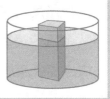的温度如此之高可能只是因为机械运动改变了金属的比热容。而在第二种情况下，我提供了一定量的热质。我把两块金属分别放进个装有相同水量的容器中，水起初的温度相同（59.5华氏度）。然后，我们测量水的温度，会得到怎样的结果？水的温度是相同还是不同呢？

——是相同的。

——天哪，你是怎么知道的？

——这有什么奇怪的，你把两块质量和温度都相同的金属放在两个相同的容器中，容器中水量相同，水温也相同，结果还能怎么样呢？整句话中连一处"不同"也没有！

——问题不在于语言，而在于科学。如果机械运动能够改变金属的比热容，那么在实验结束时，我就不可能得到两个相同的温度。

——为什么呢？

——因为如果金属的比热容变小，那么它达到某一温度所需的热量就会减少，于是会有更多热质从金属传递到水中，最终，也会有更多热质传递给由水和金属屑组成的系统。

——所以我猜对了！有什么奖励吗？

从头开始

——你可以感到些许安慰，不过现在你又回到了原点：热量到底是什么？现在你只知道，它似乎并不是一种物质。

——我不太明白这有什么关系……

——当然有关系，如果它是一种物质，它又是从何而来的呢？我们可以认为，这种物质是由火产生的。但是以大炮为例，炮管中不仅没有火，连任何形式的热源都没有，温度却在急剧上升。所以，是谁凭空创造出了这些热质，或者说这些具有热量的物质呢？物质并不会自发产生，最多也就是自发转化。

——所以热量可以通过耗费金属产生，或者说，一定量的金属可以被转化成热量吗？

——理论上来说这是有可能的，所以，我在加热前和冷却后都反复称量了金属的重量，结果发现重量没有变化。无论我用什么方法加热和冷却，热金属和冷金属的重量总是一样的。

——居然会这样！我还以为这一章会很简单呢。那你觉得热量是什么呢？

——我有一个想法：热量就是运动。

——这个想法真奇怪。运动……你是怎么想到的呢？

——因为在给炮管钻孔的过程中，随着温度升高，我们不断提供给金属的东西只有运动。还有，古人取火时，所做的事无非就是摩擦两根木棒，通过来回移动，让它们能点燃火焰。如果我们给炮管钻孔产生的热量超过摩擦取火的热量，就会危及生命！

——可是大炮本身也会伤害人的生命。

——那就是另一回事了……

我们需要证据！

现在看来，"热量是运动"的说法似乎和过去"热量是物质"听上去差不多：但是光有想法是不够的，还必须加以证明。

我们还需要再等待一段时间，看看这种说法是否能够让我们信服。现在我们应该暂时放下问题，环顾四周。

此时我们身处 19 世纪初的欧洲。英国工程师詹姆斯·瓦特（1736—1819）不久前才完善了蒸汽机。这种机器可以把水从隧道中抽出来，让采矿变得更快和更安全。

这项新的发明极大地推动了以地下开采原材料为基础的英国经济。

蒸汽机对英国的最大贡献无疑是为英国的煤矿开采业注入了活力……钢铁和火焰是机械技艺的支柱。在英国，也许没有任何一家工厂不依赖于这二者。要是能将蒸汽机从英国手中夺走，就相当于榨干了它所有的财富源泉……遏制了它的巨大力量……

这段话的作者是萨迪·卡诺。1796 年，萨迪·卡诺出生于巴黎，作为一

名法国人，他对英国人占据经济统治地位的现实感到十分不满。

萨迪·卡诺的父亲是重要的数学家兼政治家拉扎尔·卡诺。他为了纪念波斯诗人萨迪，给儿子起了这个奇怪的名字。

萨迪·卡诺希望能够制造出比英国热机更强大的热机。于是，他尝试从理论角度研究热机如何运行，得出了一些重要且出乎意料的结论。

热机

热机利用了物质受热膨胀的属性。温度计也是如此：当温度升高时，窄管内的水银会膨胀，然后沿着管壁"爬升"。

这样的现象其实很容易观察到，例如，当你在厨房中盖上锅盖煮水时，沸腾的水会让蒸汽膨胀，然后锅盖就会被掀起，部分蒸汽溢出，接着锅盖又落回来，周而复始。

这台"机器"所做的功就是抬升锅盖。如果我们给锅盖连上一只轮子，蒸汽就能够让轮子转动起来。

机器跑完又跑

若要让机器继续做功，就必须让它"循环"起来，也就是说，机器必须能够回到原点，从头开始不断做功。

为了让机器回到原点，我们可以利用这样一个事实：受热膨胀的物体在冷却后会再次收缩。

举例来说，如果我们的锅上有一个封闭的活塞而不是锅盖，那么我们就只能把锅从火上拿下来，

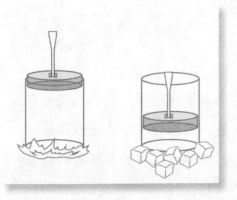

放进冰箱里，等待蒸汽凝结，体积缩小，才会看到活塞重新回到起点。

接着，我们只要把锅重新放回炉子上，就可以从头

开始了。

这就是热机的工作原理：我们需要一个热源（在英国，人们使用木炭来保持火的燃烧）和一个"冷凝器"，即能够冷却活塞中空气的装置（卡诺研究的是空气热机）。

萨迪·卡诺研究了理想热机所做的功，即既没有摩擦也没有热损失的热机所做的功。这样的热机能够在不产生任何其他变化，只是在做了一定量功的情况下恢复到原本的状态。

卡诺得出的结论是，这种机器所做的功完全取决于热源和冷却装置之间的温差。他把热机比作瀑布：从高处降落的水可以用来做功。

热量从较高的温度"降落"到较低的温度时，同样可以做功。更确切地说，卡诺认为，"热质"这种物质的降落就像水的降落一样，能够做功。热质和水都是守恒的，它们从热源处接收的热量都等于它们被冷源吸收的热量。

如果热量没有从一个较高的温度"降落"到较低的温度，那么热机就不可能做功。

这句话后来将作为"热力学第二定律"流传后世。

在第一定律之前

1824 年，萨迪·卡诺发表了一篇论文，名为《论火的动力》。这篇文章是他自费发表的，仅发行了 600 份，其中解释了卡诺热机的工作原理（你可以在 302 页看到它的详细内容）。不用说也知道，几乎没人读过这篇论文。因此卡诺的著作内容后来成了"热力学第二定律"，但实际上，它的发现比第一定律早了大约 20 年。

啤酒厂的实验

1818 年 12 月 24 日，詹姆斯·普雷斯科特·焦耳出生于英国索尔福德。他年幼时体弱多病，因此不愿和朋友们一起踢足球，而是把时间都花在了发明机械游戏上，慢慢地，这些机械游戏就变成了真正的实验。他原先只是独自进行实验，把工具都放在家中或者父亲的啤酒厂里，但他的成就很快就传遍了整个学术界。

给编辑的信

1845 年，焦耳给《哲学杂志》写了一封信：

先生们，我已经在英国协会的一次会议上阐述过这篇文章的内容，但我现在还没有将它发表，这并非因为我不相信我的实验得出的结果，而是为了进行更加精确的新测量。

我的实验表明，一般形式下的机械动力和热量之间存在等效关系……

——什么叫作一般形式下的机械动力？

——好吧，我试着用稍微简单一些的语言来表达。热是一种能量形式，与构成物质的粒子的运动有关。

——这好像也并没有简单多少。

——好吧。你还记得什么是"活力"吗？或者用更加现代的术语说，什么是动能吗？换句话说，

就是质量为 m 的物体仅仅因为它在运动，并且具有一定的速度 v 而具有的能量？

——也就是第 144 页的定义，物体质量与其速度平方之乘积的一半，对吗？

——没错：$E_c = \dfrac{1}{2} \times m \times v^2$。构成物质的所有粒子都在不断运动。在气体和液体中，粒子只是在容器中来回移动，撞到其他粒子或者容器壁，然后又改变方向和速度，但它们始终在运动。而在固体中，粒子则相对更加平静，它们总是在平衡位置附近振动和摇摆。所有这些我们无法看到的微观运动，被放在宏观层面上整体观察时，就变成了物体的温度。粒子运动得越快，我们测量到的温度也就越高。

——我为什么要相信你说的这些呢？

停一下！

——你还记得本杰明·汤普森之前在观察大炮钻孔时说过的话吗？只要我们让金属运动起来，它就会发热，所以热应该是运动的一种形式。

——是的，他之前说过。

——以下是我做的实验。我拿了一个装水的容器，把砝码挂在固定在容器内的旋转装置上，就像下图中那样。当我让砝码下降时，桨叶就会转动，水的温度也会上升。我能够非常清楚地知道装置做了多少机械功。记住：$L = m \times g \times h$，只要知道砝码的质量 m、砝码落下的高度 h 和重力加速度 g，想要算出机械功就不难了。我用温度计测量了砝码落下前后的水温。在反复几次试验后，我发现 1 卡相当于 817 磅*的物体落下 1 英尺所做的功。用你们更熟悉的度量单位就是：1 卡 =4.186 牛·米。

——卡是什么意思？

——就是将 1 克水的温度从 14.5 摄氏度升高到 15.5 摄氏度所需的热量。能量和功的度量单位叫作焦耳，和我的名字一样。

——1 牛·米 =1 焦；

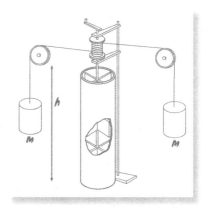

* 1 磅约合 0.45 千克，后文 1 英尺约合 0.3 米。——编者注

1 卡 =4.186 焦。

——明白啦！

——我还没说完呢。假设我所说的机械功和热量之间的等效关系没错，那就意味着，1 磅 51 摄氏度的水拥有的动能相当于 1 磅 50 摄氏度的水加上 817 磅的物体落下 1 英尺所获得的动能。这并非微不足道，物质所蕴含的动能是巨大的。

——为什么这么说呢？

——好吧，如果我们说，在绝对零度下，物质内部的动能为 0，那么 1 磅 60 摄氏度的水所拥有的动能就相当于一个 415 036 磅（将近 200 000 千克）的物体垂直下落 1 英尺后所拥有的动能。

——这很多吗？

——你找一块这么重的石头，举起再落下试试。

——那这是否意味着，那些平时我们能够"看见"的物体，它们的温度之中其实"隐藏"着巨大的能量？

——正是如此，所以我建议你去拜访一下开尔文勋爵和鲁道夫 · 克劳修斯，和他们一起分析这种现象究竟会带来怎样的后果。不好意思，请先让我把写给《哲学杂志》编辑的那封介绍信读完：

……先生们，我谨以最
深的敬意，

期待你们宝贵的回信。

詹姆斯·焦耳

焦耳的论文最终得以成
功发表，而这或许并不只是因为介绍信的结尾写得
恭敬又漂亮。从此以后，"热质"一词便从物理学
的世界消失了。

了不起的物理学家！

物理学家很难像电视节目主持人或歌手那样名
利双收，但是威廉·汤姆孙，也就是开尔文勋爵做
到了。

1824 年，威廉出生于贝尔法斯特，是格拉斯哥
大学著名数学教授詹姆斯的儿子，他 11 岁就开始旁
听父亲的数学课。从剑桥大学毕业后，他又前往巴
黎索邦大学继续学业，年仅 22 岁就成了格拉斯哥大
学的教授。

威廉对当时所有的物理问题都很感兴趣，如力学、电学、磁学和热动力学；他不仅拥有扎实的数学功底，敏锐而活泼的头脑，还掌握了制造机器和测量仪器的高超技艺。

他不仅解决了理论物理学中的棘手问题，还与朋友合伙成立公司，通过制造和销售仪器赚了很多钱。

31岁时，他已经发表了90篇重要的科学论文，并开启了新一轮的冒险：他被选举为大西洋电报公司的董事会成员，该公司成立的目的是在大西洋海底铺设一条电报电缆，将英国和美国连接起来。这项工程规模极大，而他是对信号传输理论和所用的材料的机械物理属性都足够了解的唯一人选。

这次冒险经历了三次失败，但是第四次，也就是 1866 年，他成功了。结果就是：电报信息终于可以在新旧大陆之间传输了，威廉也因此被任命为勋爵，没错，正是开尔文勋爵。

总有阶梯需要攀登

"我永远也忘不了 1847 年英国协会在牛津举行的会议，当时我聆听了一位谦逊的年轻人的演讲……"

这位"谦逊的年轻人"就是焦耳，他向所有人展示了机械能和热能之间的等效关系。这场演讲十分有趣，演讲结束后，开尔文勋爵和焦耳进行了长时间的交谈，两人通力合作，给出了绝对温标的定义。

事实上，正如你看到的，如果给物体提供同样多的热量，物体的温度变化并不会一样多。这取决于我们加热的物体的属性，以及它包含多少物质。简而言之，我们需要给出一个尽可能适用于所有情况的定义，明确 1 摄氏度的温度究竟是多少。

在和焦耳合作的过程中，开尔文勋爵意识到，可以用绝对的方式来定义单位温度的值。我们知道，使用卡诺热机能够产生机械功，而功的大小仅仅取决于热源和冷却装置之间的温差。

"因此，我们可以将单位温度定义为：当做出相同且固定的机械功时，锅炉温度和冷却装置之间的温差。这种温差可以被称为绝对温标，因为它并不受到我们所使用材料的特性以及机器本身的影响。"

卡诺热机可以，甚至应该被当作温度计来使用。实际上，最重要的是要确定一种原理和方法，用于校准那些使用起来更加方便的仪器。这就是开尔文勋爵所做的事。

与此同时，开尔文勋爵还规定了绝对零度的存在。

事实上，机器做功取决于热源（A）和冷源（B）之间的温差 $T_A - T_B$：

$$L = T_A - T_B$$

热机的效率是：

$$\eta = \frac{T_A - T_B}{T_A}$$

方程读作：伊塔（η）等于 T_A 减去 T_B 再除以 T_A。

根据定义，热机效率不能大于 1。因为方程衡量的是提供给系统的能量有多大比例能转化为功。如果你做些数学运算就会发现，T_B 也不可能小于 0（请阅读第 303 页）。

绝对零度寒冷至极，甚至冷到完全不可能达到。0 开尔文（绝对温度的单位是开尔文）换算为我们通常使用的摄氏温标，相当于零下 273.15 摄氏度。

谁说得对？

威廉·汤姆孙在巴黎居住时曾仔细研读卡诺的著作，那时的他还没有想过自己有朝一日会成为开尔文勋爵。在听焦耳演讲时，他也意识到，关于热量守恒的规律，卡诺和焦耳的理论似乎都有各自的道理，但二者只能取其一。

这个问题必须解决，而他也顺利解决了这个问题。不过在他之前，鲁道夫·克劳修斯就已经通过独立研究得出了一些有趣的结论。

开尔文勋爵终其一生总共发表了不少于 661 篇论文，1907 年，他已垂垂老矣，在享受荣华富贵与显赫声望后离世。

在"热质之死"以后

1822 年，鲁道夫·克劳修斯出生于普鲁士（今天的波兰）科沙林市，成年以后曾在柏林大学攻读数学和物理学。

1850 年，克劳修斯发表了他的第一部，也是最重要的热学理论著作，回答了我们当时未能解决的问题。

——为什么如果焦耳的理论是对的，卡诺的理论就不对呢？

——卡诺有关热机的想法和计算都是正确的，他只是弄错了一件事。实际上，热机所做的功仅仅取决于热源的温差（否则开尔文勋爵

就不可能制造出他的绝对温度计了）。卡诺还指出，除非热量从高温"降落"到低温，否则就不会产生功，这点也是正确的……但是，热质其实并不守恒。

——难道他们没有告诉你，热质已经"死"了吗？它已经不复存在了。

——当然，热量是由物质内部的动能产生的。虽然我们现在将它称为热量而不是热质，但其实是一样的。机器所做的功并不像萨迪·卡诺所说的那样，单纯是因为热量从热源"降落"到冷源而产生的，而是通过"消耗"部分先前吸收的热量而产生的。

——怎么会呢？

——为了解释热机运作的原理，萨迪·卡诺用瀑布水流让水轮转动的现象进行类比。从高处降落的水和通过叶轮并转动水轮的水总是同样多的，卡诺认为热量也是如此：热源放出的热量等于冷源吸收的热量，只有热量"通过"热机时才会产生功。

——我感觉他的推理似乎并没有什么错误。

——其实大错特错，虽然还没有充分的实验证据，但我认为，更加正确的表述应该是：通过热机的热量的损失不是不可能的，而是极有可能发生的。

——为什么呢？

热量与运动

——我们将热量视为物质粒子的动能，假如这种观点正确无误，那么力学中的能量守恒原理就必须同样适用于与热量交换紧密相关的问题。既然力学中的运动能够转化为功，我们就可以将热机视作一种特殊的机器，它能够将其内部气体中的一部分粒子的运动转化为功，即转化为热机外部物体的运动。

——你的意思是说，就像流水在通过叶轮时会减速一样，流水将自己的一部分运动转让给了叶轮，类似地，当热机将内部气体粒子的运动转化为外部的功时，这些粒子本身也会"减速"？

——正是这样。你还记得卡诺热机吗？在气体膨胀阶段，即机器做功时，粒子会减速并损失能量。在它们的冷却过程中，会继续损失更多能量。然后，当它们被热源加热时又会被"充能"。如果我们想要回到初始条件，那么"充能"的多少就必须等于

粒子损失的能量加上它们产生
功的总和。

$$Q=dU+L$$

在这个方程中，Q 表示热
机吸收的热量，dU 表示热机中气体粒子的内能变化，
L 则表示它们所做的功。

第二发现的第一定律

这个方程后来作为"热力学第一定律"载入了
史册，在物理学中的地位举足轻重，能够应用于自
然界中发生的各种能量转化。

机械能和热量之间存在等效关系，这一发现还
解释了，为何在实际情况下，机械能从来都不是完
全守恒的：由于存在摩擦，其中一部分机械能转化
为热量，即物质粒子的内能，于是我们就会看到，
发生摩擦的部分温度升高了。

由此看来，能量守恒定律具有普适性：即使存
在摩擦，孤立系统中的总能量也是守恒的。有些势
能或动能看似被摩擦损耗了，但我们会发现，它们

实际上并没有消失，而是成了构成物质的粒子的能量，其表现为温度的升高。

热力学第一定律的最终表述为"在热机中，热量不守恒，但是总能量守恒"。所以接下来，我们可以重新审视热力学第二定律，"热机只有在两个热源温度不同的情况下才能做功"，而且它的效率只取决于两个热源的温度差。这条定律始终是有效的。

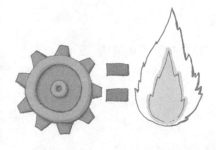

万物流变

万物流变的原文是 *Panta rei*，意思是万物都在流动与变化。

这句话其实有一定年头了。它是古希腊哲学家赫拉克利特（生活在公元前 500 年左右）思想的"核心"所在。自然界中的所有物体都运动不止。

此时此刻，在 1900 年到来之际，我们可以肯定这句话是正确的。

如果一个物体的绝对温度和它的平均动能（组成它的粒子的速度的平方）成正比，那么如果粒子的速度为0，这个物体的温度就应该为绝对零度。

到目前为止，我们对原子还一无所知，更不用说围绕原子核旋转的电子了，但是在绝对零度之下，它们也同样必须停止旋转，然后物质就会坍缩，不复存在。

万物都在运动，分子运动加剧会导致物体温度升高。分子运动发生在微观层面，我们无法直接观察到，而物体温度升高属于宏观现象，我们能够直接控制。

运动与热量

——克劳修斯，任何形式的运动都可以转化为热量吗？

——是的。

——那么反过来应该也是有可能的吧？我想把

任意形式的热量转化为运动！另外，我还是不太能相信运动就是热量。踢足球的时候，我给球提供了运动，球也发生了运动，但是它的温度并没有升高。

——没错，这正是问题的关键所在。当你踢球时，你让球的所有分子朝向同一个方向运动。其实在你踢球之前，它们就已经在球的内部随机运动了（向右一点，向左一点，再原地摇摆……），但是你踢的一脚却给所有分子提供了额外的速度，让它们一起朝着相同的方向运动。你看不到单个分子发生移动，但是你又知道，它们的确在移动，因为由分子组成的整只球都在朝着那个方向移动。综上所述，你给分子提供了有序的运动，这种运动可以在任何时候以任何形式转化为功。假如球碰到了磨坊的叶片，那么叶片就会旋转。

——也就是说，球的运动可以做功——让磨坊的叶片转动起来。

——没错，但是如果球撞到泡沫海绵墙上，陷入其中了呢？

——……那它就不做

功了吗?

——不仅不做功，而且当你触摸球周围的泡沫海绵时，你会发现海绵是热的！究竟发生了什么呢？所有分子朝向相同方向的有序运动变成了无序的随机运动，分子运动的方向不再一致，球和泡沫海绵都不再运动，而是"原地"做着快速的微小运动，疯狂地颤动着。你看不到这些运动，但是你的确知道：温度升高了。

——所以我无法让这样的运动做功对吗？

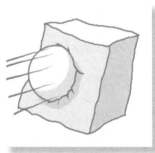

——没错，因为情形太混乱了。假如你能迫使所有分子都朝着同一个方向运动，而不是随机运动，那么你还有可能让它们做功，但是在目前的情况下，你做不到了，你无法将热量转化为功。你无法重新排布球中分子的速度，让它们都朝相同的方向运动。无序的状态一旦出现，分子就再也无法靠自己回到原本的位置。我认为，宇宙中的总能量永远保持不变，但是熵总是在增加。

——熵……是什么？

熵

——你肯定不知道这个词是什么意思，因为它是我不久前（1865 年）才创造出来的。我们可以说，熵是某个物体"转化的内容"，在我看来，物理学中的重要词汇都必须取自古代词汇，所以我发明了熵（英文为 entropy）这个词，它源自古希腊语中的"转化"（tropē）一词。熵这个词富有美感，我非常喜欢，选择它也并非巧合，因为它与能量非常相似并且紧密相关。熵是可以计算的物理量，假如我们知道某一过程中有多少热量交换，以及热量交换是在什么温度下进行的，就能够进行计算。

——你为什么说熵是"转化的内容"呢？

——因为它可以告诉我们，一个系统发生了多少转化，其无序的程度增加了多少，或者也可以说，我们"浪费"了多少能量。

——"浪费"也就是说能量发生了损耗吗？

——不是的。在任何作用与转化的过程中，能量都是守恒的。不过，有一部分能量会被"浪费"，也就是说，它无法被用于做功。这部分能量会被分子"吸收"，增加它们的"无序性"，于是我们就会"看到"物体的温度升高了。

——这种情况时常发生吗？

——实际上在所有过程中都是如此。以一只小球在茶几上滚动为例：小球最初拥有的部分能量被"浪费"在了摩擦力上，所以小球表面和茶几被小球滚过的部分表面的分子能量将会增加。分子能量的增加表现为分子围绕平衡位置振动的平均速度增加，也就是物体温度升高（如果两个物体之间的摩擦力很大，你甚至可以用手指感受到温度的升高），或者分子无序性的增加，又或者是我新创造的奇妙变量——熵的增加。因此，在自然界发生的每一次能量转化中，熵都会增加。

——我家有台冰箱，可以帮我冷却食物和饮料，也许在你的时代还没有这种技术，但我向你保证，它可以"减缓"分子运动的速度，使它们有序地运动……并让熵减少。

——我从来没有听说过这种情况，不过我敢打赌，你的冰箱肯定不是一个孤立的系统。

——如果冰箱门一直关闭的话，它当然是个孤立的系统。冰箱并不会从外部接收冷气，而且实际上，冰箱内部会比外部更冷。

——房间中央一只封闭的大箱子难道可以自动降温吗？这是不可能的！

——这只大箱子并不是放在房间中央的，而是放在贴近墙壁的地方，因为你必须给它连上插座，这样电机才能够工作。

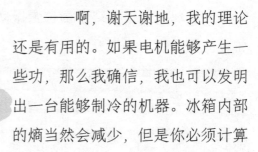

——啊，谢天谢地，我的理论还是有用的。如果电机能够产生一些功，那么我确信，我也可以发明出一台能够制冷的机器。冰箱内部的熵当然会减少，但是你必须计算整个系统的熵：冰箱、电机、电以及产生电的发电机。我向你保证，如果你的计算正确，那么熵还是会增加的。

在任何孤立的系统（如宇宙）中，熵的总值永远是增加的。

这是热力学第二定律的另一种表述方式。该原理告诉了我们一个非常重要的事实：尽管物理定律是"可逆的"，但实际上，宇宙始终遵循特定的规律，所有能量转化都伴随着熵增。不过现在，你应该找麦克斯韦谈谈了。

——就是那个写出电磁场方程的麦克斯韦吗？

——就是他，他一生中曾经做过许多事情。不过，既然你已经见过他了，我还是向你介绍玻尔兹曼吧，他会告诉你一些关于他和麦克斯韦所做研究的内容。

衰老是个物理问题

1844年，路德维希·玻尔兹曼出生于维也纳。他在毕业仅三年后就成了大学教授，开始在欧洲四处奔波：首先是在格拉茨教书，然后去了德国，在海德堡和柏林待了一段时间，接着又回到奥地利的维也纳和格拉茨。再后来，他搬去摩纳哥，之后回到维也纳，接着又去了莱比锡，最后还是回到了维也纳。不过，在生命最后的岁月里，他还是选择前往的里雅斯特附近的杜伊诺，并于1906年9月5日在那里结束了自己的一生。

玻尔兹曼对麦克斯韦无比崇敬，以至于当他使用德语撰写电磁学著作来解释偶像麦克斯韦的方程时，在开篇引用了伟大诗人歌德的一句话："莫非是上帝写出了这些符号？"尽管如此，麦克斯韦却还是这样写道："虽然我研究过玻尔兹曼，但我仍然无法理解他。"

——克劳修斯之前告诉我，物理定律是"可逆的"，这是什么意思？

——物理定律"可逆"是指，当物体由于某种原因朝某个方向运动时，只要将这个原因逆转，物体就会原路返回。不过，我们的生活似乎的确无法像这样回到过去。

——为什么呢？我们也是大自然的一部分，为什么不遵循它的规律呢？

事物无法自动复原

也许我们需要更加仔细地看待这个问题。如果我们用力摔打玻璃杯，它就会碎掉，就算我们从反方向摔打，它也不可能自动复原。即使是大自然本身也并不总是能自动复原。不过，如果我们写下玻璃杯每块碎片发生运动的方程，就很容易让它们沿原路返回，只需施加一个与使它离开的力大小相等、方向相反的力即可。

——当然，其实我们也可以把这些碎片重新拼接起来，再用胶水粘好。但很显然，玻璃杯是拼回来了，可并没有完全恢复原本的样子。

——的确，不过如果我们可以把每块玻璃中的原子或分子都拿出来，让它们沿着移动的轨迹倒退，回到原位，就不再需要胶水了。原则上这是有可能的，如果一个分子可以从一点移动到另一点，它也可以用同样的方式再移动回来。

——但是原子和分子如此之多，要把它们重新组合起来肯定非常需要耐心吧。

——哎，那么这就只是个耐心的问题了。

——什么？

只要有耐心

——我们先用一块隔板将透明的容器从中间隔开。现在，我们从左边注入分子快速运动的高温气体，从右边注入分子缓慢运动的低温气体。当我们移开隔板，会发生什么呢？

——很简单：两边的气体会慢慢混合，最终形成一团温暖的气体。

——你确定吗？

——你不会要告诉我还有别的情况吧？

——事实的确如此，但请你试着更加详细地描述一下你猜想的结果。

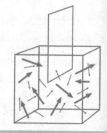

——为了便于理解，我可以把分子运动速度快的气体想象成红色，分子运动速度慢的气体想象成黄色。两种气体的分子朝向各个方向运动，当中间有隔板时，撞到上面的分子就会猛地回头。不过，当我们把隔板移开，分子就会继续前进，进入容器另外一边。无论是红色还是黄色的气体都开始在容器中自由移动，然后两种气体发生混合，我们就会看到混合气体变成了橙色，也就是形成了一团温暖的气体。

——你说的不错。但是，所有从右向左运动的分子都会撞上另一个分子，或者撞上隔板，然后从左向右返回，回到自己那一边，对吗？

——没错。

——那么所有向右运动的分子也都可以回到左边，而所有向左运动的分子都能回到右边，对吗？

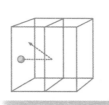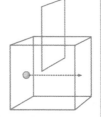

——嗯……是的，没错。

——也就是说，只要有耐心，等一段时间，分子就会回到最初的状态：左边全是红色气体，而右边全是黄色气体，对吗？

——我觉得不对。在我看来，一旦气体混合，分子就会保持混合状态，所以气体还是橙色的。

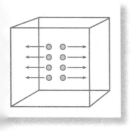

——的确是这样，因为它不符合热力学的规律。假如分子能够回到最初的状态，那么熵就会减少。在没有做任何功的情况下，物体也自发地恢复了秩序。然而，如果我们逐一对这些分子应用力学方程，这种情况也有可能发生。

——谁告诉你的？

——我能想到一个应用力学方程的例子。如果左边是由两个红色分子组成的气体，右边是由两个黄色分子组成的气体，情况会怎样？

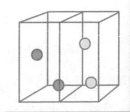

统计学

——我们肯定不用等待太久就会看到，自由移动过后，两个红色分子回到了自己那边，而两个黄色分子回到了另一边。热力学规律告诉我们，如果粒子数量很多，我们就不能使用力学方程，只能使用统计学进行推理。

——统计学是什么？

——是一种数学方法，它不关注单个物体的行为，而是研究许多物体某些量的平均值。例如，我们可以通过分子的平均动能测量温度。不过，我们并不关心单个分子的速度是快还是慢，我们只关心分子动能的平均值。

——统计学得出的结果是怎样的呢？两部分气体最终会相互分离吗？

——我用一个问题来回答你。在你看来，很长一段时间过后，所有红色分子都回到一边，黄色分子都回到另一边的概率是多少？

——嗯，我觉得概率很低，应该为 0。

——准确来说，分子数量越多，它们重新分离的概率就越低。

——准确来说，我觉得你说的没错……

——不错，你已经找到答案了。

——你在开玩笑吗？这听上去哪里是科学家的回答？它们到底会不会相互分离呢？

——当涉及如此大量的原子或分子时，我们必须改变推理方式。我们面临的数字非常之大，每克物质中大约有 10^{23} 个分子。我们必须进行统计和推理，而不是只跟着单个的分子走，你觉得呢？唯一的办法就是尝试计算出每种分子结构出现的可能性有多大，出现可能性最大的分子结构应该就是答案。非常非常有可能的情况是，气体直到最后都会保持均匀的混合状态。也非常非常有可能发生的情况是，一旦无序性加

剧，气体就无法靠自己恢复
到有序的状态。

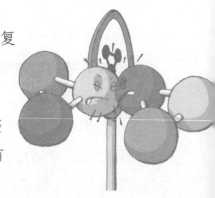

——所以你是在说，
杂乱无章的分子结构比整
齐有序的分子结构更加有
可能出现吗？

杂乱无章！

——当然不是。我只是想告诉你，气体分子的
初始结构只有一种（一种气体在一边，另一种在另
一边），而如你所见，杂乱无章的结构（混合气体）
有很多种，且它们都是等效的。为了更好地理解这
句话，我们来举个例子。若我们投掷两颗骰子，它
们的点数之和是 12 还是 7 的可能性更大？如果要得
到 12，那么只有一种可能，即点数为 6+6（每颗骰
子的点数都是 6）。如果要得到 7，那么有以下几种
可能：1+6，2+5，3+4，4+3，5+2 和 6+1。点数之和
为 7 的情况具有更高的熵，因为相同的宏观状态（7）
能够对应多达 6 种不同的微观结构。根据这种推理，

我已经证明，熵可以通过计算同一种宏观状态对应多少种微观结构来得出。这就是为什么气体更有可能保持混合状态：如果所有分子运动速度快的气体与分子运动速度慢的气体分隔两边，那就只有一种结构；如果是混合气体，就会有多种结构，而且全部等效。混合气体的熵要高得多，而且还有不断增加的趋势，会变得更加混乱。

——可是怎样才能看到原子，并数出它们有多少个呢？

——我只是做过一些数学计算，没有人真正见过原子，我甚至不知道它们是否真的存在。直至今日，原子的存在还只是一种假说，它有趣且迷人，能够解释我们到现在为止描述过的所有现象。不过，人们目前仍然对物质的内部结构一无所知。

——你相信这种假说吗？

——我相信，但许多人因此批评我。

——为什么，你刚才不是说，原子假说能够解释我们迄今为止观察到的所有现象吗？

——我们进行过多次计算，以确定理论预测的物理变量与实验测量所得的值是否完全吻合。通过统计学，我们根据分子的平均速度和碰撞路径的平均长度计算出了气体的温度和压力。这些变量的值与实验数据十分吻合，但是仍然存在一个问题：我们无法计算出气体的比热容。没有办法，实验得出的值和理论值相差太多。

——我感觉问题不大……别担心，问题会解决的。

——也许吧！但愿我们不必把原子的假设丢进垃圾桶。

还有最后三个问题

当我们翻开手中这本书时，邮件还要靠驿马来传递；而当我们快读完这本书时，英国的电报员已经能够站在办公桌前，兴高采烈地同远在美国的人"聊天"。其间相隔只有不到400年而已。

力学、光学、电磁学和热动力学都已经在我们的掌控之中，还有什么遗漏的呢？没有了。一切都很明了，所有方程都已写下，机械与电机也已被研究清楚并制造出来，它们运作的方式和理论预测的一样，所以理论是行之有效的。现在，只有一些小问题尚未解决，具体来说，有三个问题。

第一个问题

电磁波需要介质才能传播，正如波浪需要依附海水存在。如果没有海水，就没有波浪。

电磁波可以在空气中传播，但是太阳发出的电磁波又是如何传播的呢？是否还存在另一种我们不知道的物质，弥漫在整个太空里？

第二个问题

当物体被加热到很高的温度时，就会进入白炽状态，同时发出辐射，看上去明亮又火热。物体以电磁波的形式发光发热，但是这些通过理论计算和预测出的辐射在现实当中根本看不到。这些计算到底出了什么问题呢？

……还有第三个问题

最后一个就是你刚才和玻尔兹曼谈到的问题：

根据理论计算出的比热容与实验测量得出的数值不符。其中应该也存在着尚无人找到的误差。

路德维希·玻尔兹曼知道这些问题非常重要且并不简单，不过要想解决它们还为时尚早。玻尔兹曼可能并没来得及阅读阿尔伯特·爱因斯坦在几个月前发表的三篇论文，而这三篇论文解决了这三个问题，为原子的存在提供了重要证据，奠定了相对论的基础，并打开了量子物理学的大门。

附　录

什么是椭圆

椭圆就是把一个圆锥切开后得到的图形，就像你在图中看到的那样。

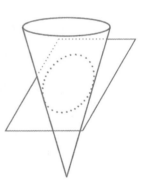

现在请你取 A 和 B 两点，再画出第三个点 C。A 和 C 之间的距离称作 a，B 和 C 之间的距离称作 b。C 与焦点 A 和 B 之间的距离之和（$a+b$）称作 d（$d=a+b$）。

C 到焦点 A 和 B 的距离之和（d）必须大于焦点 A 和 B 之间的距离 h。平面上所有到 A 和 B 距离之和等于 d 的点构成椭圆。

对于 C，也就是 $a'+b'=d$，对于 C''，也就是

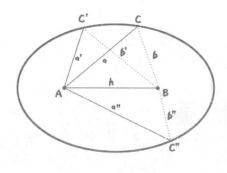

$a''+b''=d$，依此类推。如图所示，你可以用两根大头针和一根绳子画出椭圆（见第60页）：因为绳子的长度不会改变。

开普勒三大定律

1. 所有行星都沿着椭圆轨道围绕太阳运动，太阳处在椭圆的一个焦点上。

2. 在相同时间内，太阳与行星的连线扫过的面积相等。

3. $\left(\dfrac{T_1}{T_2}\right)^2 = \left(\dfrac{d_1}{d_2}\right)^3$

这一关系表明，任何两颗行星围绕太阳公转周期（T）之比的平方，等于它们与太阳平均距离（d）之比的立方。公转周期是指行星围绕太阳转一周所需的时间。

在笛卡儿坐标系上绘制其他直线

我们重新写出一般直线的方程：

$$y = a \times x + b$$

如果选择 a=0 和 b=3。我们的方程就会变为：

$$y = 0 \times x + 3$$

让我们计算出直线上的点：

$x = 0$	$y = 0 \times 0 + 3$	$y = 0 + 3$	$y = 3$
$x = 1$	$y = 0 \times 1 + 3$	$y = 0 + 3$	$y = 3$
$x = 2$	$y = 0 \times 2 + 3$	$y = 0 + 3$	$y = 3$

无论我们给 x 赋值多少，y 总是等于 3。

现在我们像之前一样画出直线上的点：

$x = 0$	$y = 3$
$x = 1$	$y = 3$
$x = 2$	$y = 3$

它是一条平行于 x 轴的直线。

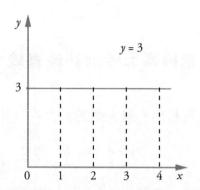

若要绘制一条与 y 轴平行的直线，我们可以使用以下方程：

$$x = 0 \times y + 5$$

我们现在通过选择 y 值来计算点的位置：

$y = 0$	$x = 0 \times 0 + 5$	$x = 0 + 5$	$x = 5$
$y = 1$	$x = 0 \times 1 + 5$	$x = 0 + 5$	$x = 5$
$y = 2$	$x = 0 \times 2 + 5$	$x = 0 + 5$	$x = 5$

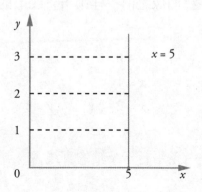

求经过两点的直线

假设直线经过以下两点，我们想求出它的方程：

第一个点：$x = 0$；$y = 3$
第二个点：$x = 1$；$y = 6$

我们知道，和所有直线一样，它的方程应该也是下面这种类型：

$$y = a \times x + b$$

不过，这次我们不知道 a 和 b 的值，但知道 x 和 y 的值。我们可以将它们代入方程，得出 a 和 b。我们先将第一个点代入：

$3 = a \times 0 + b$；$3 = 0 + b$；$3 = b$

我们得出了 b 的值。现在将第二个点和我们已知的 b 值代入：

$6 = a \times 1 + 3$；$6 = a + 3$；$6 - 3 = a$；$3 = a$

于是我们也得出了 $a=3$，所以我们的直线就是：

$$y = 3 \times x + 3$$

为了保证结果准确，你可以把直线画出来，检验它是否真正经过这两个点。

硬币下落的速度

将硬币吸引到地球上的力是：

$$F = G \times \frac{M \times m}{r^2} \quad (\text{方程 1})$$

其中 r 是硬币与地球中心的距离，M 是地球的质量，m 是硬币的质量。这个作用在硬币上的力会产生一个加速度：

$$a = \frac{F}{m} \quad (\text{牛顿第二定律})$$

那么，将方程 1 中的 F 代入即可得出：

$$a = G \times \frac{M \times \cancel{m}}{r^2} \times \frac{1}{\cancel{m}} \quad ; \quad a = G \times \frac{M}{r^2}$$

如你所见，硬币的质量在方程中消失了，因此加速度只取决于地球质量和硬币与地球中心的距离。

为什么我们说的是硬币与地球中心的距离，而不是硬币与地球表面的距离呢？因为牛顿使用了非常复杂的计算证明，当物体相互吸引时，它们的所有质量似乎都位于中心。实际上，硬币与地球中心之间的距离几乎等于地球的半径，所以我们可以计算出硬币在自由落体过程中向地球运动的加速度：

$$a = G \times \frac{M}{r^2} = 6.67 \times 10^{-11} \frac{5.97 \times 10^{24}}{(6.37 \times 10^6)^2} = 9.8 \ (\text{米}/\text{秒}^2)$$

所有物体，不论质量如何，自由落体时的加速度都是这么多，毕竟我们不需要硬币的质量就算出了它。

新数学

牛顿和莱布尼茨的伟大功绩在于他们认识到，若要计算出不断变化的量，就必须学会计算曲线的切线。让我们来看看为什么，以及这是什么意思。

假设我们以恒定的速度骑自行车。如果我们在1秒内走了10米，那么速度是10米/秒。如果速度是恒定的，我们就可以将它定义为：

$$v = \frac{s}{t}$$

在测量我们的速度时，需要用我们走过的空间除以我们走过的时间。让我们来看看这个定义是否行之有效。

如果我们的速度是恒定的，1 秒内我们走了 10 米，那么 2 秒内我们走了多少米？显然是 20 米（第一秒走了 10 米，第二秒又走了 10 米）。我们的速度有多快？

$$v = \frac{s}{t} = \frac{20\,米}{2\,秒} = 10\,米/秒$$

速度还是 10 米 / 秒。没错，我们已经说过，我们的速度必须是恒定的。现在让我们画出速度的图像，如果我们的速度保持 10 米 / 秒不变，我们所走距离和经过时间的函数关系应如图所示。

如果我们对速度的定义是正确的，那么用我们走过的距离除以我们所用的时间，得到的速度就永

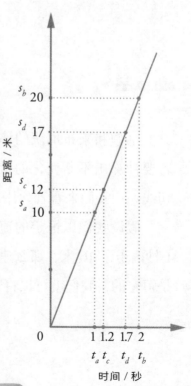

远等于 10 米 / 秒。

我们先以图像中 s_a 和 s_b 两点之间的部分为例。

我们走了多远距离？（我们所说的 Δs 是指走过空间的距离，即 $s_{最终} - s_{初始}$）

$$\Delta s = s_b - s_a = 20 - 10 = 10 \text{ (米)}$$

我们用了多长时间？

$$\Delta t = t_b - t_a = 2 - 1 = 1 \text{ (秒)}$$

我们的速度是多少？

$$v = \frac{\Delta s}{\Delta t} = \frac{10}{1} = 10 \quad \text{(米/秒)}$$

目前看来定义似乎是正确的，但我们还是不太确定。我们可以取更小的空间重新进行计算：

$$\Delta s = s_d - s_c = 17 - 12 = 5 \text{ (米)}$$

我们用了多长时间？

$$\Delta t = t_d - t_c = 1.7 - 1.2 = 0.5 \text{ (秒)}$$

$$v = \frac{\Delta s}{\Delta t} = \frac{5}{0.5} = 10 \text{ (米/秒)}$$

速度总是保持不变。我们可以将所走距离减半，但所花的时间也会减半。我们可以把距离除以 10，所花时间也会除以 10，因此，当我们用距离除以时间时，得到的计算结果总是 10 米 / 秒。

所以，我们也可以用一段非常短的距离除以非常短的时间，然后得到相同的结果：10 米 / 秒。但是，我们可以将距离和时间缩小到怎样的程度呢？我们想让它多小，它就可以多小，不过计算结果总是 10 米 / 秒。

但是，如果我们把距离缩小到近乎为 0 呢？时间也会缩小到近乎为 0。

这点毋庸置疑，但是我们不可以把等式写成这样：

$$v = \frac{\Delta s}{\Delta t} = \frac{0}{0}$$

因为我们不可以用一个数字除以 0！

的确不可以。但是，牛顿曾经说过，假设我一直缩小距离，缩小所用的时间，在它们都为 0 的"前一瞬间"，计算结果仍然是 10 米 / 秒，那么我也可以说，即使在它们都等于 0 的时候，临界点的计算结果也永远是 10 米 / 秒。

如果速度是恒定的，我们就解决了如何计算速度的问题：

$$v = \frac{\Delta s}{\Delta t}$$

笛卡儿的坐标系非常有用，它可以让我们像刚才那样，画出所走距离与花费时间的函数关系。

如果我们从0开始计算时间和空间，即 $t_{初始}=0$ 秒，而 $s_{初始}=0$ 米，那么：

$$\Delta s = s - s_{初始} = s - 0 = s$$

$$\Delta t = t - t_{初始} = t - 0 = t$$

所以：$v = \frac{s}{t}$

我们将等式左右乘以 t，然后再将其简化：

$$v \times t = \frac{s}{\cancel{t}} \times \cancel{t}$$

$$s = v \times t$$

但是注意：如果 v 是常数（所以我们可以将它看作一个不变的数字），我们不就得到了一

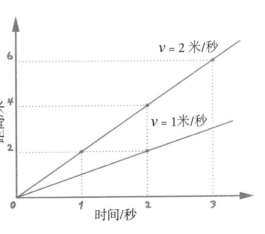

条直线的方程吗？如果我们用 x 轴表示时间，y 轴表示距离，那么自行车行驶得越快，直线的倾斜程度就越大。

如果速度不再是恒定的，而是变化的，例如速度总是增加，就像自由落体运动那样，情况会怎样呢？让我们来看看伽利略的方程：

$$\frac{s_2}{s_1} = \left(\frac{t_2}{t_1}\right)^2$$

我们已经看到，1 秒之内，自由落体的距离是 5 米。所以我们可以写出：

$$\frac{s_2}{5\text{米}} = \left(\frac{t_2}{1\text{秒}}\right)^2 ; \quad s_2 = 5\text{米}/\text{秒}^2 \times t_2^2$$

t_2 代表一段特定的时间，即测量物体移动距离 s_2 所需的时长。为了方便起见，我们去掉右下标 "2"，实际上，t_2 也可以是任何一段时间，只要距离与时间完全对应即可。另外，我们还去掉了 m/s²（米每秒平方），它表示我们测量距离的单位是米（而不是千米），时间单位是秒（而不是分或时）。

$$s = 5 \times t^2$$

我们像之前一样使用笛卡儿坐标系，绘制出时间与距离的关系图像。现在我们先计算出坐标上的点：

$t_0 = 0$ $s_0 = 5 \times t_0^2 = 5 \times 0^2 = 5 \times 0 = 0$
$t_1 = 1$ $s_1 = 5 \times t_1^2 = 5 \times 1^2 = 5 \times 1 = 5$
$t_2 = 2$ $s_2 = 5 \times t_2^2 = 5 \times 2^2 = 5 \times 4 = 20$
$t_3 = 3$ $s_3 = 5 \times t_3^2 = 5 \times 3^2 = 5 \times 9 = 45$
$t_4 = 4$ $s_4 = 5 \times t_4^2 = 5 \times 4^2 = 5 \times 16 = 80$

然后在图中标出这些点：

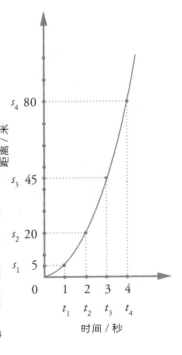

$t_0 = 0$ $s_0 = 0$
$t_1 = 1$ $s_1 = 5$
$t_2 = 2$ $s_2 = 20$
$t_3 = 3$ $s_3 = 45$
$t_4 = 4$ $s_4 = 80$

此时得出的图像并不是一条直线，而是数学家口中的"抛物线"。现在，让我们尝试将速度的定义应用到曲线的某个区间，以 t_3 和 t_4 之间的情况为例：

$$\Delta t = t_4 - t_3 = 4 - 3 = 1 \text{（秒）}$$

$$\Delta s = s_4 - s_3 = 80 - 45 = 35 \text{（米）}$$

$$v = \frac{\Delta s}{\Delta t} = \frac{35}{1} = 35 \, (\text{米} / \text{秒})$$

我们可以说，如果我们的速度在这个时间间隔内保持不变，那么它就等于 35 米 / 秒。事实上，正如大家所看到的，在速度不变的情况下，如果我们画出所走距离和时间的函数关系，就会得到一条直线，而直线的倾斜程度代表着速度。然而，从图中可以看出，我们的物体在 t_3 和 t_4 之间走过的距离并不能用直线来描述，而需要用那一小段抛物线来描述，抛物线只在横坐标的 3 和 4 两点与直线重合，而"腹部"位置却偏离了直线（请看上一页的图片）。

现在我们取一段更小的区间，即之前区间的一半，再做一次计算：

$$\Delta t = t_b - t_a = 3.75 - 3.25 = 0.5 \, (\text{秒})$$

$$\Delta s = s_b - s_a = 70.3 - 52.8 = 17.5 \, (\text{米})$$

$$v = \frac{\Delta s}{\Delta t} = \frac{17.5}{0.5} = 35 \, (\text{米} / \text{秒})$$

注意看！区间变小了，但是速度并没有改变。从图像中可以看出，我们的直线和之前的直线平行，倾斜程度相同，更加"靠近"抛物线，两端的距离也变小了，直线与抛物线"腹部"的距离也更近了。

现在我们取一个更小的间隔（同时放大我们所取几点周围的图形）：

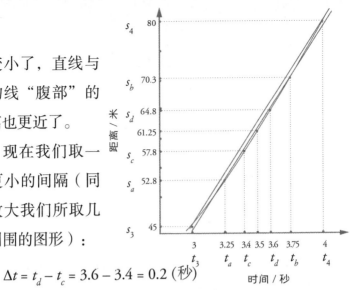

$$\Delta t = t_d - t_c = 3.6 - 3.4 = 0.2\ (秒)$$

$$\Delta s = s_d - s_c = 64.8 - 57.8 = 7\ (米)$$

$$v = \frac{\Delta s}{\Delta t} = \frac{7}{0.2} = 35(米/秒)$$

好吧，这次我们也预料到了。我们缩小区间，仍然得到了相同的速度。

真正的结果就是，随着区间逐渐减小，直线会越来越接近抛物线；区间越小，我们在这

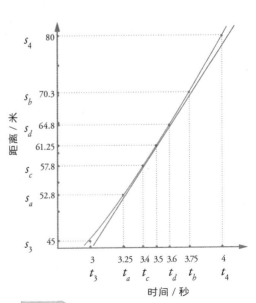

个极小区间内的速度就越能视作恒定的。

但是这个区间得有多小呢？这次我们不能再说"想让它多小，它就可以多小"了，我们的区间必须缩小到抛物线上的一点，因为在抛物线的每一点上，我们的速度都在变化，虽然变化很小，但是仍然存在。不过，点没有大小，点是"大写的0"，如果和都等于0，我们就不能用除的！但是牛顿和莱布尼茨曾经向我们保证，随着两个值越来越小，两个区间的比值就会趋近于某个数值。从几何学的角度来看，情况也很清楚：随着区间减小，我们的直线会趋近于抛物线在区间中点处的切线。

你还记得什么是切线吗？只在某点与曲线相交的直线就是切线。曲线上每点对应的速度正是切线在该点的斜率。请看抛物线及其部分切线的示意图，这些直线的倾斜程度代表我们的物体在每处标记点，即"切点"的速度。

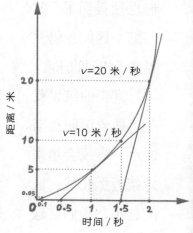

1秒后，切线的斜率等于10。我们的物体将获得10米/秒的速度，2秒后的

速度将变为 20 米／秒，依此类推。不过这样的情况会持续多久呢？

随着时间的增加，速度也会增加，如果我们可以等待足够长的时间，或者说"无限的时间"，那么物体运动的速度也将趋近于无限！这是牛顿逝世几年后，科学界将会面临的问题。

我们回到新数学上来。牛顿和莱布尼茨已经意识到，若要计算不断变化的量，就必须能够计算曲线的切线，不仅如此，他们还发明了计算切线的一般方法。

我们可以尝试使用这种方法来计算抛物线的切线，但要注意：你必须懂一些数学。如果你无法理解所有步骤，那么请跟着我一起计算，尝试看明白我使用的方法。

抛物线最简单的方程是 $y=x^2$

$x_0 = 0$ $y_0 = 0^2 = 0$

$x_1 = 0.5$ $y_1 = 0.5^2 = 0.25$

$x_2 = 1$ $y_2 = 1^2 = 1$

$x_3 = 1.5$ $y_3 = 1.5^2 = 2.25$

$x_4 = 2$ $y_4 = 2^2 = 4$

$x_5 = 2.5$ $y_5 = 2.5^2 = 6.25$

现在我们已经可以肯定，$y = x^2$ 实际上表示的是抛物线，现在我们先把数字放在一边，加上字母，试图写出能够表示所有点和区间的一般方程。我们可以根据喜好，用抛物线上任意的点和区间来代替字母。

请看图。

假如我们选择了一个点，横坐标为 x，对应纵坐标为 y，围绕点的区间长度为 a 和 b：a 可以取任意值，但 b 的值必须与所选区间 a 相对应。

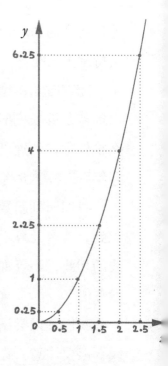

现在我们知道了，若要计算抛物线在 T 点的切线斜率，就必须取区间 Δy 除以区间 Δx 并求得结果。然后再取越来越小的区间，看结果是否总是相同。我们知道，对于曲线上的每一点，关系式总是成立，否则我们的曲线就不是图中所

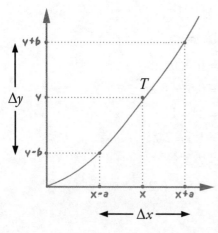

画的，而应该是另外一条曲线了。

那么，$y-b$ 对应的点等于多少？

应该是 $y-b=(x-a)^2$

所以，同理可得 $y+b=(x+a)^2$

现在我们来计算一下：

$$\frac{\Delta y}{\Delta x}=\frac{(y+b)-(y-b)}{(x+a)-(x-a)}=\frac{(x+a)^2-(x-a)^2}{(x+a)-(x-a)}$$

$$=\frac{x^2+a^2+2xa-(x^2+a^2-2xa)}{(x+a)-(x-a)}$$

$$=\frac{x^2+a^2+2xa-x^2-a^2+2xa}{x+a-x+a}=\frac{4xa}{2a}=2x$$

所以：

$$\frac{\Delta y}{\Delta x}=2x$$

任意 x 对应的切线斜率都等于 $2x$。

在点 $x=1$ 处，　斜率为 $2x=2\times1=2$

在点 $x=2$ 处，　斜率为 $2x=2\times2=4$

在点 $x=3$ 处，　斜率为 $2x=2\times3=6$

不过，为了确保我们找到的恰好是 x 点切线的斜率，我们必须进行验算，看看如果我们选择一段更小的区间 a，结果是否发生改变。这是因为，我们需要证明，当 a 趋近于 0 时，关系仍然成立。

不过我们非常幸运，甚至不用重新计算。

事实上，斜率还是 $\frac{\Delta y}{\Delta x} = 2x$ ；a 从我们的方程中消失了！

无论我们选择 a 为多少，$\frac{\Delta y}{\Delta x}$ 总是等于 $2x$。

匀加速运动

如果你已经阅读了本附录的前一节"新数学"，那么现在就可以运用你学到的知识来解决一些运动学问题了。

现在我们回到速度上来。我们从第 286 页的方程开始：$s = 5 \times t^2$，尝试算出每个点的速度。

假若不看乘以 t^2 的 5，方程其实就是抛物线的形状，"5"只是让抛物线变得更加窄一些。

我们知道，如果 $y = x^2$，那么 $\frac{\Delta y}{\Delta x} = 2x$

同理，如果 $s = 5 \times t^2$，那么 $\frac{\Delta y}{\Delta x} = 5 \times 2t$

而 $\frac{\Delta s}{\Delta t}$ 恰恰是我们对速度的定义；

所以 $v = \frac{\Delta s}{\Delta t} = 5 \times 2t = 10 \times t$

利用这个公式，我们可以计算出物体在任何瞬间的速度。

我们还注意到另一个事实。

匀加速运动的速度和时间成正比。伽利略说的的确没错！虽然他当时还不具备证明这点的数学知识，但他明白，如果所走距离和时间的平方成正比（伽利略确信这点，因为这是他通过斜面实验得出的结果），那么速度就和时间成正比。

但是，探索的欲望会随着发现而增长。在发现速度这一美妙的关系之后，我们将它画出来，于是马上就会发现，它是一条直线。

直线的倾斜程度是恒定的，等于时间所乘的数值（10）。

但我们不是把速度随时间的变化称为"加速度"吗？

以下是自由落体的运动方程：

$$a = \frac{\Delta v}{\Delta t} = 10 \text{米/秒}^2 \quad （常数）$$

$$v = a \times t \,(= 10 \times t;\ 与时间成正比)$$

$$s = \frac{1}{2}\, a \times t^2 \ (= 5 \times t^2;\ 与时间的平方成正比)$$

但是重力加速度不是 9.8 米 / 秒^2 吗?

没错,这个数值是正确的,但是为了方便计算,我们取近似值 10。它在实质上没有太大变化,却让计算变得更加简便。

通过这三幅图像,你可以看到物体在地球表面附近自由落体的加速度、速度以及下落距离如何随着时间发生变化。

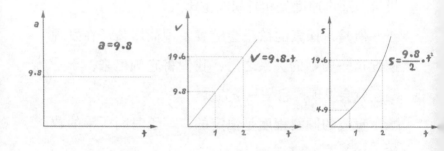

麦克斯韦方程组

麦克斯韦总结了到那时为止他的所有见闻。法拉第先前已经给你解释过了第一个方程,房间里的电场来源于电荷,就像香味来源于玫瑰花一样。我们将电场称为 E。在法拉第绘制的图像旁,你会看到麦克斯韦计算出的相应方程。

$$\nabla \cdot E = \frac{\rho}{\varepsilon_0}$$

方程读作：E 的发散度等于 ρ（读作柔）除以 ε_0（读作艾普西隆零）。

在数学中，倒三角形加上点（$\nabla \cdot$）叫作发散度。发散度是一种数学运算，就像加法和乘法一样，但是并不直接使用数字。这种运算适用于力场，例如我们的电场 E。

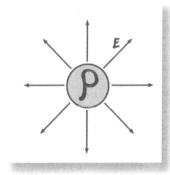

发散度能够"计算"有多少力线离开自由电荷的密度——（ρ）所在的点。常数（ε）是个数字，称为介电常数，它的数值取决于电场周围的介质。在当前的情况下，是真空介电常数。

这些奇怪的方程看起来有些像埃及象形文字，也许会让人摸不着头脑。但是就像只有懂乐谱的人才能够懂各式各样的音符，知道它们代表着美妙的旋律一样，只有理解方程本身才能够明白其中的奥妙。麦克斯韦的第一个方程告诉我们：电场 E 的源头就在电荷（ρ）的所在之处。

麦克斯韦的第二个方程向我们描述了另外一种发散度：

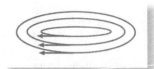

$$\nabla \cdot B = 0$$

B 的发散度等于 0。

B 是磁场。而磁场 B 的来源为……0。是的，磁场 B 没有来源。因为磁荷并不存在。也可以这样理解：磁场的力线既不会"产生"也不会"终结"，它们既没有起点，也没有终点。它们是闭合的线条。如果说发散度是计算发出的力线的一种方法，那么在这种情况下，我们就找不到任何力线。

请看图。若要计算力线，我可以先画出一个圆圈，然后数数有多少根力线穿过了它（同时给从圆圈内向外发出的力线标上 +，给从外面进入圆圈的力线标上 –）。在电荷的情况下（图 A），你会看到从圆圈内向外发出的力线是 8 条，而在磁场的情况下（图 B），有 2 条力线进入，2 条力线发出，总数为 0！

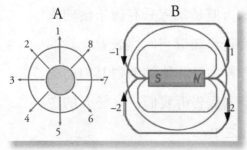

这其实是在用数学的方法说明，为什么我们永远无法找到只有南极或北极的磁铁，两极总是成对出

现。这也是磁场的力线总是闭合的原因。

　　以上两个方程还有另一种解读：电场的来源是电荷，当电荷存在时，周围也会有一个电场，而磁场的来源为……0。磁场没有来源。

　　然而，磁场的确存在，指南针也会因为磁场而移动。那么这个磁场到底从何而来呢？

　　我们必须记住安培和法拉第的话：其中的秘密叫作电动力学。动力学研究运动与变化，这种运动与变化还伴随着闭合的力线，形成旋涡运动。

　　若要描述旋涡，我们必须掌握一种新的数学运算方法，即"旋度"。旋度和我们先前看到的发散度一样，并不适用于数字，而适用于力场。

　　为了理解旋度，我们可以举个例子：自行车停在路面上时，如果你将它向前推动，那么车轮就会转动。

　　请注意，如果你把自行车抬起来向前推，不让车轮接触地面，车轮便不会转动。所以是什么在让车轮转动呢？

　　事实上，轮子落地的部分的确因为接触地面而被制

动了，轮子试图保持静止，而与自行车前叉相连的部分（车轮的轴心）则被推向前方。

车轮外侧与车轮轴心存在速度差，所以车轮才会滚动。推动自行车时，车轮的辐条会发生旋涡运动，即围绕车轮轴心的旋转运动。

磁场看上去就像一个旋涡，因为它的力线是闭合的，就像自行车车轮上各个点的轨迹。不过如果要产生磁场，就像安培观察到的那样，还需要一根载流导线。

下面是描述这一切的方程：

$$\nabla \times B = \mu_0 I$$

（B 的旋度等于 μ_0 乘以 I）

符号 $\nabla \times$ 代表旋度的运算。

这个看似奇怪的方程告诉我们，力线 B 是闭合的，其产生旋涡运动的原因是电流 I 的存在。常数 μ 是磁导率，它由材料的性质决定，能够调整度量单位，在目前的情况下，μ_0 代表真空的磁导率。

我们还没有全部说完，还剩下最后一个——法拉第的伟大实验：如果磁场随着时间发生变化，那么"环绕"在磁场力线周围的导体之中就会有电流弹动。你还记得两根螺线管的实验吗？

方程稍微有些复杂：

$$\nabla \times E = -\frac{\partial B}{\partial t}$$

$\frac{\partial B}{\partial t}$ 表示 B 在时间 t 内的变化。E 的旋度与 B 随时间的变化符号相反（所以有负号 "–"）。

如果 B 随时间发生变化，电场 E 就会产生旋涡。电场的旋涡反过来又激发了法拉第用电流计观测到的电流。

到此为止，我们已经用漂亮的方程描述了各种实验现象。但这仍然不够，麦克斯韦还添上了天才的点睛之笔，他认为：如果随时间发生变化的磁场会产生电场旋涡，那么反过来仍然成立。根据他的观点，随时间发生变化的电场也应该产生磁场旋涡，所以麦克斯韦还给第三个方程增加了一项，从

$$\nabla \times B = \mu_0 I$$

变为：

$$\nabla \times B = \mu_0 I + \mu_0 \varepsilon_0 \frac{\partial E}{\partial t}$$

这个方程给我们带来了一个意想不到的惊喜：

即使在电流 I 等于 0 的情况下，也就是在没有载流导线的情况下，仍然可以得到：

$$\nabla \times B = \mu_0 \, \varepsilon_0 \, \frac{\partial E}{\partial t}$$

就算没有电荷，方程也仍然适用：

$$\nabla \times E = -\frac{\partial E}{\partial t}$$

这些方程（如你所见，其中不再包含任何与电荷或导线相关的物理量）告诉我们，随时间发生变化的磁场会产生电场旋涡，随时间发生变化的电场会产生磁场旋涡。由此看来，电磁场不需要任何导线就能传播，因为变化的电场会产生变化的磁场，而变化的磁场又会产生变化的电场……如此循环往复。

卡诺热机如何运转

卡诺热机由一个装有空气的圆柱形密闭容器组成，容器顶部被一个能够上下运动的活塞封闭。为了做功，我们将热机放在热源上，空气受热膨胀导致活塞上升，于是活塞所做的功就可以被利用。热机离开热源时，活塞会继续上升，但是随着空气逐渐膨胀，其温度会继续降低，直至达到冷凝器（冷源）的温度。

此时，热机与冷凝器相互接触，活塞下降到起始位置。

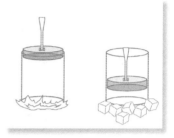

将热机从冷凝器上移开并再次压缩，空气会再次回到热源的温度（在不与外界进行任何热交换的情况下压缩气体，气体的温度会升高）。

所以一切又重新开始了。

在最后两个阶段（压缩阶段），机器做了一些外部功，但是压缩冷空气的"成本"仍然低于热空气膨胀的"成本"。因此，我们用热机所做的功减去它恢复到初始状态而必须做的功，如果最后的结果大于0，热机就能够运转。

热机的效率

$$\eta = \frac{T_A - T_B}{T_A}$$

根据定义，这就是热机的效率。

首先我们先看如果 $T_A = T_B$ 会怎样：

$$\eta = \frac{T_A - T_B}{T_A} = \frac{T_A - T_A}{T_A} = 0$$

如果热源和冷源温度相同，那么效率就是 0：我们无法用两个温度相同的源来做功。不过这点我们之前就预料到了。

从理论上来说，如果冷源处在绝对零度，我们就可以达到最高的效率（当然，此处的温度必须以开尔文温度来计算）。

因为可以得出：

$$\eta = \frac{T_A - T_B}{T_A} = \frac{T_A - 0}{T_A} = \frac{T_A}{T_A} = 1$$

因为实际上无法达到如此低的温度，我们只能够使用效率低得多的热机。你可以计算一下，如果热机在 20 摄氏度和 300 摄氏度（分别为 293 K 和 573 K）之间工作，它的效率将会低于 50%。

$$(573 - 293) / 573 = 0.49 = 49\%$$

Original title: La fisica raccontata ai ragazzi

2022 © Adriano Salani Editore Surl

Text by Anna Parisi and Alessandro Tonello

Illustrations by Fabio Magnasciutti

The simplified Chinese translation rights arranged through Rightol Media

（本书中文简体版权经由锐拓传媒旗下小锐取得 Email: copyright@rightol.com）

著作权合同登记号：字 18-2024-086

图书在版编目（CIP）数据

给孩子讲奇妙物理 /（意）安娜 · 帕里西，（意）亚
历山德罗 · 托内洛著；谭钰薇译 . -- 长沙：湖南科学
技术出版社，2024. 12. -- ISBN 978-7-5710-3278-4

Ⅰ . O4-49

中国国家版本馆 CIP 数据核字第 20249D4W88 号

上架建议：畅销 · 科普

GEI HAIZI JIANG QIMIAO WULI
给孩子讲奇妙物理

著　者：[意]安娜 · 帕里西　[意]亚历山德罗 · 托内洛
审　校：[意]乔治 · 帕里西
译　者：谭钰薇
出版人：潘晓山
责任编辑：刘　竞
监　制：吴文娟
策划编辑：董　卉
特约编辑：赵浠彤
版权支持：王媛媛
营销编辑：傅　丽
内文插画：[意]法比奥 · 马尼亚休蒂
封面设计：马睿君
版式设计：李　洁
出　版：湖南科学技术出版社
　　　　（湖南省长沙市芙蓉中路 416 号　邮编：410008）
网　址：www.hnstp.com
印　刷：北京中科印刷有限公司
经　销：新华书店
开　本：855 mm×1180 mm　1/32
字　数：150 千字
印　张：9.75
版　次：2024 年 12 月第 1 版
印　次：2024 年 12 月第 1 次印刷
书　号：ISBN 978-7-5710-3278-4
定　价：49.00 元

若有质量问题，请致电质量监督电话：010-59096394
团购电话：010-59320018